神奇的美少女CG世界

伊藤明 編

前　言

　　這是一本將目前活躍於網路上的CG作家描繪手法加以彙整、組合而成的書。它並不只是一本闡述專業技巧的書，同時它也是一本以作家描繪手法為題材，相當精闢的書。

　　透過網路來欣賞CG作家的作品，而在不斷的驚嘆聲中，各位是不是也興起了「這些畫是怎麼完成的？」的疑問呢？現在我可大聲地回答各位，我們已經完成了一本介紹多位作家CG畫法的「CG描繪方法手冊」即本書。

　　另外我們也提供了針對上網者的各種問題，由作者來進行解說的這種雙向溝通。以書籍來說，要實踐「雙向溝通」是一件很困難的事，而本書的內容並不僅只侷限在書中的部份，其更是通往網路的一道小小的關卡。

　　另在本書的製作過程中，為了實踐所謂的雙向溝通，作家及編輯都積極地活用網站及談天室等。

　　本書收集了七位CG作家獨特而有趣的作品，這些稱之為印刷媒體的作品，其比一般網路用描繪作品還要來得大些，而且更詳細地將描繪手法的順序逐一地列舉出來，故與網路上的作品不同，各位敬請期待「CG描繪方法手冊」。

伊藤明

神奇的美少女CG世界

七位CG作家

海星★梨 Windows / SuperKid95, Painter

沒有主線的彩色CG作品讓人眼睛為之一亮，我們將詳細解說它的製作方法，它的秘密就在於「SuperKid95」，畫家本人卻說想畫出有主線的CG。(伊藤明)

自畫像

● 使用的機器和材料 ●

【機器】

AT互換機

（CPU）Pentium II 266MHZ

（記憶體）128MB

（HDD）8.4GB（內含E-IDE）

（繪圖介面卡）MATROX G100

（8MB）

因為用2D的色彩處理太慢了！功能太少！使用繪圖軟體經常當機。

安裝最新型的驅動程式後，情況更差！不過似乎還有不錯的功能，單單畫質就非常清晰。

【OS】

Windows98

嗯～，我覺得用Windows95時，Superkid的穩定性較高。

【螢幕】

SONY17吋/解析度1152*864（32位元色）

因為顏色相當動人，我很喜歡，但是畫面有點歪歪的。想想也該換一台了吧！下次買21吋的好了！

【筆名】

海星★梨

【本名】

恩田 弘也

【生日】

？？年12月25日

【住所】

東京都北區

● 周邊機器 ●

【掃描器】

EPSON GT-5000WINS

因為EPSON的掃描器掃描的解析度可以指定粗細，所以我很喜歡，不過掃描機的蓋子上，總是會莫名其妙地沾染上髒污，每次使用時，都得費勁去整理，真麻煩（^^;）。

【列表機】

說實在的，我沒有列表機，想想也該去買了，不過我比較喜歡的印出後是A3紙的這個大小。

【MO】

IBM的內藏型128MB舊款。

朋友提供的，插入電源後還會發出吱吱吱的悲鳴聲。

【PD】

TEAC PD-518E

PD是使用以3倍驅動壓縮，因為我的畫像資料是以BMP的形式儲存，壓縮效果非常卓越。雖然原本的容量為650MB，壓縮後就有2GB以上的容量了。

【參考】

OLYMPUSD D-320L 81萬畫法模仿自己的手法，作為設計的參考。

【繪圖機】

WACOM ArtPadII

第一次使用就愛不釋手，不只能夠繪圖，除鍵盤輸入外Windows98上所有的操作皆可使用繪圖機處理，幾乎不必再使用滑鼠。在沒有網路前，對於電腦通訊我一直認為那是商人的專利，使用相同的名字就會造成混亂，所以這個名字絕對不能重複，因此我自謔地取了"海星★梨"這個名字。

● 使用的軟體 ●

【繪圖軟體】

Superkid95 Internet Pack

因為Zeit公司倒閉，令今後的愛用者不安…，順便提到，之前推出的"終極工具"使用上相當困難，還是死心吧！

【背景合成用】

Painter4

Ver5雖未使用過，不過功能應該差不多。

【畫像縮小、JPG變換】

Dibas32

畫像縮小畫質更清晰。

【喜歡的漫畫】

御！天堂

【喜歡的卡通】

前進魔法島

落書きホームページ/海星★梨
http://member.nifty.ne.jp/hitode/

海星★梨

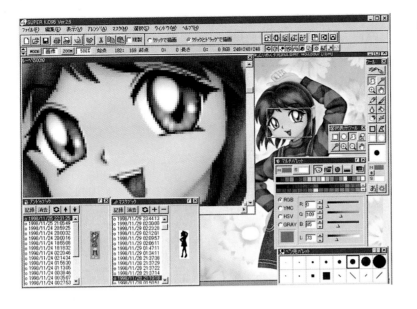

① 作業環境

★ 繪圖軟體

目前使用的是Zeit公司出產的SuperKid95來繪製CG作品。

雖然和國外進口的軟體軟體比較起來，功能顯得不足，但是由於速度很快，所以我很喜歡。

以SuperKid95來說，目前繪圖軟體的功能並不太足夠，所以在完成基本構圖後，為了不讓輪廓的線條明顯地呈現出來，才利用它來上色，雖然有點麻煩，但這也是我的作品為什麼沒有主線的原因。

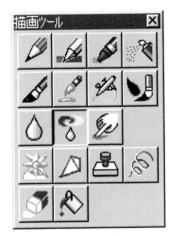

畫筆

軟體畫筆

噴槍

亮度筆

顏料罐

主要使用的工具是畫筆、軟體畫筆、噴槍、亮度筆、顏料罐這五種的描繪工具，亮度筆就是以RGB指定設算出的數值，依據它來決定噴漆範圍亮度的工具，若設算出的數值以指定RGB增加來塗上亮度的話，那減少就會使它變得黯沉了，為了凸顯出立體感，這一項工具是不可或缺的。雖然其使用次數在SuperKid95並不頻繁，但在製作背景時，它就顯得非常重要了。

★ 電腦硬體

使用AT互換機，軟體為一般的Window98，解析度為1152*864，並非是為了增加工作效率，只是習慣用17吋的螢幕，比較實用罷了。
（SuperKid的使用上並沒有問題，只是在上色時功能略顯不足）。

★ 繪圖機的準備

是WACOM的ArtPad II 繪圖機。這是目前最暢銷的機型，對於描繪CG來說，略嫌太小，但是畫筆的移動量少，而且容易反覆使用，頭手幾乎不需移動，因為只需動動指尖，就能畫滿整張畫紙。

以doublet來描繪時，感覺和以光滑的筆尖來描繪時有所不同，這時可使用裁成適度大小的高級紙，以膠帶貼在doublet上，這樣一來描繪的感覺就會變得很好，但是描繪速度非常快是其缺點，大致說來5作品是以斜削筆尖來完成的。

▲ 如上圖所示，把畫紙垂直放在繪圖機上

② 畫稿的製作

★ 打草稿

平衡下筆的強弱，使用中間及後端約0.4mm的自動筆，在A3的畫紙上盡情地畫。畫得太大，會超出畫紙，這次的草稿，實際上大約是紙張寬度的一半。

描繪沒有輪廓線的CG時，畫線若太粗了，後續的修改工作就會非常辛苦，所以只能使用細細的自動筆，描繪大型作品時，畫線的粗細還是不變，為了不傷害原稿，一般都會用較滑順的筆蕊來繪畫，但CG就不需要這般注意了，而且是使用HB的畫筆。反正經過掃描機掃描之後，利用線畫調整修改後，殘留畫線的痕跡也能被清除乾淨，只留下完美的作品。

▲ 超大的草稿（鍵盤看來小多了）

★ 取圖（掃描）

要怎麼做呢？因為原稿這麼大，A4的掃描機就必需分開三次掃描才行。設定解析度約在80dpi左右，合成後畫像的大小長度約2000位元。

讀取CG草稿的用途，並不需要高解析度的掃描機，因為掃圖時是設定在黑白的圖片，而且自動調整亮度（畫像明亮度的調整，之後會利用繪圖軟體來處理。）

★ 畫線

利用Superkid的"色彩調整"工具，將畫線以外的髒污清除，以修改後的畫線與白色背景的對比來做最完美的調整。

然後，再利用黑白2值化處理成最佳的狀態，不過，原本圓滑的輪廓線會變成毛絨絨的畫線，不過沒關係。

接著，利用放大鏡將圖放大，再利用工具箱中的畫筆，從畫線開始將多餘的髒污去除，這個作業在Superkid用滑鼠右鍵就能既簡單又快速地完成了，若畫線處理未將曲線完全處理成封閉的曲線時，那麼在進行下一個著色動作時，就會出現混亂，所以必須仔細地檢查清楚。

▲ 掃描的取圖畫面

▲ 掃描後的畫像

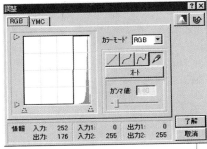

▲ Superkid的"色彩調整"工具

黑白2值化後的畫像 ▶

③ 為著色作準備

★ 著色

在封閉畫線中使用顏料罐,將顏色塗滿,為了整體色彩的意象與和諧,可以在調配上多加斟酌。

然後,將畫像左右反轉或縮小、放大,看看有沒有哪一個地方需要做調整,這一點務必記住。

★ 色彩調配

依個人的喜好來配置色彩。依頭髮流向或衣服的皺褶來區分顏色及著色。

目前的色彩,為了使設定著色範圍的作業更有效率,所以就算亂七八糟也沒關係,如圖所示,完成的作品的樣子真的蠻嚇人的。

▲ 上色後的畫像

▲ 亂七八糟的著色狀態(有點恐怖)

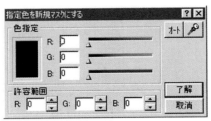

▲ "新規指定色彩"工具

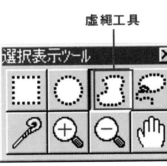

◀ 消除輪廓後,指定作品
也就接近完成了。

虛繩工具

▲ 選擇表示工具

1.
首先決定選取範圍。

2.
移動選取範圍。

3.
利用畫筆來延
伸輪廓

4.
利用顏料罐等來著
色後,就完成了

★ **消除輪廓**

現在開始塗上輪廓線的顏色
(現在是黑色),將輪廓塗上與
之相鄰地方的顏色。

設定方法,首先從設定的工
具箱中選取〈新規指定色彩〉,
利用吸管將輪廓的黑線吸取乾
淨,接著選擇〈顏色反轉〉,輪
廓線就會依設定的顏色轉變。

★ **設計上的修改**

首先在著色時就必需注意,
修正設計的畫像中感覺怪怪的
地方,雖然在著色時修改也沒
關係,但轉換輪廓顏色後,修
改的方法較為簡單。

右腳的長度有一點短,將它
的長度放長。

首先,在選擇表示的工具箱
中,選擇〈虛繩工具〉,將希望
加長的腳在正中間分割開來,
圈選右腳至腳尖的部份,設定
為選取範圍。最後,將需要加
長的地方利用游標鍵來移動。

中間透明部份則依樣塗上腳
的顏色,利用畫筆著色時,直
接將顏色塗上即可。即使是更
大的畫也沒問題,可是如果是
一般有畫線的卡通CG的話,就
沒這麼簡單了。

完成這個階段後,這個作品
的構圖就等於完成了,然後就
可隨意地修正畫像了。

在完成上述的著色準備作業後，若能將上述工作記錄在"上色備忘錄"中，需要時都能叫出來運用，在色彩選項中，設定變換色彩工具及功能棒，能夠簡單地設定選取範圍，當然，若使用次數頻繁，同樣也請記錄在〞範圍備忘錄〞中。

◀ 上色備忘錄

◀ 範圍備忘錄

④ 著色

★ 頭髮

所有區間的色彩都是共通的，首先區分顏色。

叫出區分後色彩的狀態，噴上顏色時，為了不使周圍上好的顏色產生紊亂，必須利用功能棒再處理過。

為了在頭髮上塗上顏色，共區分出八個部份，在設定區間登錄之後，再來變換顏色。

在所有的地方塗上基礎色，再利用軟體畫筆在基礎色上增添一些亮度，使得髮色更自然更生動。

依毛髮紋路的方向將之區分開來。

然後，使用噴槍將毛髮的紋路溶合，這會使得上述區分出的八個區間更生動。

在凹陷的部份添加上少許的陰影，在這個光射反射的地方及圓圓彎角的地方，噴上一層薄薄的顏色。

也就是說使用噴槍的竅門是稀釋顏料濃度後，再來上色，所以，一點一點來回多次地覆蓋上顏料，會使得顏色的效果更完美。

在修飾時，使用亮度筆，可使作品更添生動。

1. 分色狀態

2. 塗底色

3. 描髮流

4. 以噴槍染色

5. 以亮度筆描繪

6. 頭髮完成

全部頭髮

右前髮

左前髮

後面頭髮

細部1

細部2

細部3

細部4

即使是在噴漆的同時，也可以變換區間。

亮度筆首先設定RGB為－，在陰影的部份重覆上色，接下來設定RGB為＋，在光反射的地方及圓圓彎角的地方著色，如此一來，頭髮的部份更顯得生動活潑。

★ 肌膚

肌膚的部份和髮色同樣，一樣是在肌膚上先區分出數個區間。

對於肌膚的塗裝，在彩度及亮度方面，區分出的色差共有六個顏色，其實是不需要這麼多的顏色的，但是無論如何一定要將肌膚顏色的深淺充分地表現出來。

所需的色系，不需儲存在電腦上，只要在空白的地方塗上厚厚的一層，有需要的時候，再利用吸管取用即可，這是Superkid傳家寶，因為「滑鼠的右鍵-吸管」可以很快速地取用。

同樣地在這些區間上塗上基礎色，在用噴槍依剛才選定的六個顏色一點一點地加上去，當然增加的順序是從淺色的地方開始慢慢到較深的地方。

1. 以較淡的膚色全部塗滿。

2. 再用噴槍慢慢地噴上較濃的顏色。

大致上塗完之後，在最後修飾部份設定RGB為＋，用亮度筆來強調陰影的部份。

這時RGB的指定值R為-5、G為-25而B為-35左右。

當然，最初時不用噴槍，只用亮度筆也可以，可是這樣比較顯現不出皮膚的特色。

光源的位置我並不十分在意，只需在光線落足地方的下緣，加上陰影。

這樣更能顯現出立體感。

3．用亮度筆來潤色修飾

★ 瞳孔、眼睛、嘴巴

瞳孔的部份依每一位畫家的個性而有不同的畫法，首先，在瞳孔外設定範圍，在以色彩濃度畫出層次感。

接下來，用亮度筆設定RGB為＋再塗上虹彩，這時以虹彩的中心位置為基準點，用畫筆以基準點為中心呈放射狀畫開來就可以了。

在修飾方面，設定RGB為－，用亮度筆沿著瞳孔的輪廓輕描即可。

最後就只剩下瞳孔中閃耀白色光芒的部份了，在瞳孔的地方塗上顏色後，設定RGB為＋，用亮度筆使眼睛正中央部份特別明亮，眼球部份也利用亮度筆加上些許的陰影，更顯現出立體感及真實感。

照度									☒
壓力	18		R	-5		G	-25		B	-35	

▲ 肌膚著色時，亮度筆的設定值。

1．在瞳孔外設定範圍。

2．以色彩濃度畫出層次感。

3．塗上虹彩。

4．用亮度筆來修飾。

5．在瞳孔的地方塗上顏色。

6．用亮度筆使眼睛更明亮。

★嘴巴著色

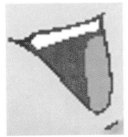
1．圈選範圍。

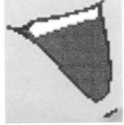
2．上色。

3．用亮度筆來修飾。

臉部作業完成了 ▶

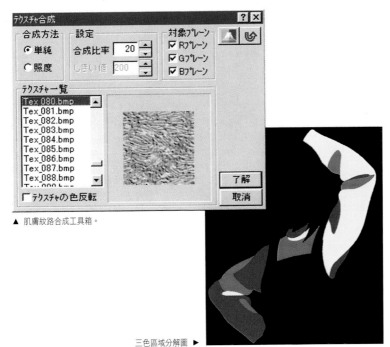
▲ 肌膚紋路合成工具箱。

三色區域分解圖 ▶

眼睛的部位著色後，更顯現出生氣勃勃的樣子，也更凸顯出著色的樂趣。

因為人的臉上還有其他部位也需要著色，而且每一個部位都必須小心翼翼地塗抹，嘴巴以及舌頭全都塗上紅色，再用亮度筆來修飾。

雖然有一點紅，但這樣更能展現出健康活力，這個動作完成後，臉部也就全部完成了。

完成後，請反覆操作左右反轉、放大或縮小，徹底地檢查一遍。

如果覺得這個女孩子的臉不太可愛，那麼這張CG就不會被採用，雖然在畫草稿時想盡辦法要畫可愛一點的，但是也有可能在著色後，變成了醜女（笑）。

★衣服

當然，首先還是選取範圍。

將整件毛衣區分出四個小區域來。

將這個範圍試著以紅、藍、黃三種顏色分別如圖一般塗上顏料。

小區域愈少，愈能提昇工作效率。

選定範圍後，將明暗兩種色調適當地塗滿整件毛衣，然後再合成適當的紋路。

這件毛衣是用Tex 080.bmp及Tex 083.bmp這兩種紋路合成的。

如果沒有喜歡的紋路的話,用多
種的紋路組合也可解決這個問題。

紋路不僅能表現出質感,也為了
去除光澤。

消除光澤的衣服能展現肌膚的光
滑及毛髮的滑順。

陰影和立體感,設定RGB為
一,再用亮度筆來修色即可,用亮
度筆時,較亮的基礎色部份,若只
使用亮度筆時會有點髒髒的感覺,
而較暗的部份就不會有這種問題
了。

雖然亮度筆沒有辦法著色,但像
這種兩色毛衣卻能簡單地呈現出立
體感。

同樣地,若使用噴槍來處理的
話,毛衣的兩種顏色只能選定區域
分別塗上不同的顏色,這實在是相
當費時的。

★ 其他

背心裙先用噴槍稍微地噴過後,
再與紋路合成,針縫的地方也是由
紋路處理而成
的。

鞋子及襪子的顏色也是以基礎色
合成紋路,再用亮度筆來做簡單的
修飾工作。

就這樣,我們終於把這個人物畫
像完成了。

1.首先兩種顏色塗滿。

2.合成紋路。

3.用亮度筆修出立體感。

1.塗上鮮紅色。

2.用噴槍噴過後,再合成紋路。

3.修飾當然還是用亮度筆。

人物畫像終於完成啦!

⑤ 潤飾

★ **背景的準備（花朵的製作）**

就像花朵繽紛綻放般，不需另外將草稿畫在紙上，直接畫上去即可。

與人物畫同樣，首先圈選出模糊的不同顏色的花樣，之後一面轉換這些花樣，一面用噴槍或亮度筆輕輕地修飾即可。

首先，就先拿上面的四種花色來練習吧！

★ **背景**

介紹到這裡，花及人物畫都已用Superkid完成了，但背景的製作就要靠Painter了，Painter就是能讓作品的層次更豐富，就因它能凸顯層次感，是非常珍貴的寶物。

▲ 花的色彩區分及完成品 ▼

▲ Painter Ver.4

首先，作出適當的顏色漸層，塗在背景上。

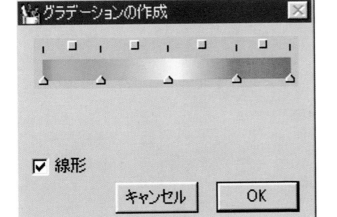

▲ Painter 製作顏色漸層的功能。

背景有點朦朧感後，接下來用二個顏色的漸層，中心點部份的亮度亮一些，以放射狀的漸層塗上背景。

以鋼線板合成來固定漸層，效果比玻璃畫更棒，讓顏色漸層在對角線的方向呈現出來，這樣就完成了背景的底色了。

1. 以適當的層次做出漂浮　　2. 以較明亮的層次塗在背　　3. 以鋼線板合成。　　4. 做出超越玻璃畫的效果
　　狀態。　　　　　　　　　　景的中心位置。　　　　　　　　　　　　　　　　後，完成。

★ 合成後完成

將先前作好的花樣大小不一定，隨意貼在完成後的背景底色上，讓它有漂浮在空中的感覺。

實際上只作了四種不同種類的花，但是在此狀態上，就能輕鬆地複製出更多的花。

若覺得這樣太單調了，可將浮在空中的花左右不一的轉換，顏色上也可做些改變。

用花與背景合成後再經過壓光合成，頓時整個感覺都跑出來，效果也更彰顯。

最後人物及背景合成了。

如果背景及人物合成有些許不平衡，則可在背景上做些微的調整。

接著用白色噴槍沿著人物的輪廓描出整個CG感。

好不容易終於完成了，算算時間，也花了12個小時。

完成的這個人物像寬1120位元、高2100位元，在BMP非壓縮狀態中存儲量竟高達6.9MB。

1. 把花散落在背景上。　　　2. 壓光合成花朵。　　　　3. 人物合成。

◀ 背景合成的畫像。（背景與人物不太和諧）

背景噴霧，定焦處理 ▶

CG作品完成後，就迫不及待地想讓廣大的讀者欣賞，這是人之常情。將作品列印出讓朋友觀賞，雖然也很快樂，但還是希望有更多的人可以看到這些作品，所以就將它加載到網路上。

以成品來說，這個作品實在是太大了，所以就縮小為約高800位元的大小。

縮小的功能比起Superkid，Painter的效果就更卓越了，而且Painter縮小後的畫質也較優良。

用JPG壓縮後，太約只剩下100KB而已。

終於完成了！接下來就差觀眾了。

Yes!
My best friend!!

HITODE★NASHI 1998

TAMAMI UZURA

WAGAMAMA
DOKUZEN
KIBUNYA
MUYUUJINKAKU
GENKIN
IJIWARU

EYEBALL（眼球） Macintosh / Photoshop

動感的姿勢及大膽的「彩繪」是AI・BOULU的特色。使用「Studio/32」的軟體，以「Photoshop」模仿自個繪畫的手法。

自畫像

【筆名】
EYEBALL（眼球）

筆名的由來是源自於我在年幼時夢到的「眼珠子掉下來」，這種恐怖的夢。學生時期好像也有個卡通作品8毫米，也是眼睛掉出來。這個筆名好像是從學生時代的同人雜誌約1983~4年左右開始使用的吧！

【出生日期】
1964年出生

【住址】
埼玉縣

● 使用的機器和材料 ●

【主要器材】
Apple PowerMacintosh 7600/120
（96年夏購入）
．CPU：PPC 604/120MHz
．記憶體：208MB
（64+64+32+32+8+8）
．HDD：1.2GB（內含SCSI）
+2GB+4.3GB
．繪圖介面卡：內含影像4MB

【OS】
MacOS 8.5.1

【螢幕】
三菱RD17GXII
（因與電玩專用的PC98共用，接上轉換器後，無法顯現出原本的畫質。（^_^;））

【解析度】
1152*870（256、1,600萬色）

【鍵盤】
使用強調觸感超強的鍵盤

● 周邊機器 ●

【掃描機】
GT-6500ART 94年秋購入

【列表機】
EPSON PM700C 96年末購入
EPSON PM2000C 98年夏購入
Apple ColorStyleWriter pro 94年春購入HP LaserJet 4PJ 94年秋購入

【MO】
富士通伺服器230MBMO 94年秋購入

【繪圖機】
WACOM ArtPad II

【數據機】
使用模擬33.6K

● 使用的軟體 ●

現在使用Photoshop4.0J還包含很多不同的軟體（^_^;）

"NURIE" CG Home Page/あい・ぼうる
http://www.kt.rim.or.jp/~eyeball/

1．描出大作品後，一分為二用掃描機讀取。

2．在螢幕上結合兩張作品。

① 作業環境

★ 分割爲二掃描原畫

　　首先用鉛筆打草稿。用鉛筆或自動筆來畫草稿，這就稱之為原畫，自動筆描繪時，用複寫紙在亮箱上描繪效果更好。

　　用掃描機掃描原畫時，加上Ｐｈｏｔｏｓｈｏｐ的轉換器，用ＴＷＡＩＮ機轉換從掃描器讀取的檔案。

　　就我使用的掃圖軟體為例來介紹。用灰度測試紙來讀取作品，不用也沒關係，即使讀取後只有黑白兩種顏色，因為必須再經過合成處理，只是用灰度測試紙效果更顯著，也可自由設定黑白變換值，好處多多。

　　我也有較大的作品，無法用A4掃描機一次讀取，因此上下分割以利讀取，讀取後的作品長寬放大約2倍。以150dpi讀取約二張A4紙的資料（1）。

　　首先，掃描一張後，接著掃描第二張，並與第一張結合成為一個檔案，這時使用分層處理效果更好，但不用也沒關係（2）。

　　雖以150dpi來掃描，再依據原畫的大小來轉換也不錯，最後的修飾，因為縮小為4分之1的大小，大約是300dpi掃描後的成果。我也有較大的作品，無法用A4掃描機一次讀取，因此上下分割以利讀取，讀取後的作品長寬放大約２倍。以150dpi讀取約二張A4紙的資料（1）。

　　首先，掃描一張後，接著掃描第二張，並與第一張結合成為一個檔案，這時使用分層處理效果更好，但不用也沒關係（2）。

　　雖以150dpi來掃描，再依據原畫的大小來轉換也不錯，最後的修飾，因為縮小為4分之1的大小，大約是300dpi掃描後的成果。

★ 二階段調整畫線

現在已經將它結合成一個檔案了，因為還未決定姿勢，目前還有好幾隻腳，將另一隻腳剪下後與膝蓋接上（3）。

確定姿勢後，用橡皮擦擦掉多餘的畫線，進行二階段調整（4）。

現在掃描的作業算是完全結束了。進行畫面修整，變換畫線的黑白值，「不使用粗線」這是我的特色之一，目前並不需要用黑白色樣來處理，以「黑白→標準色版→RGB色彩」來變換色彩，以標準色版選取顏色時，是以「功能匣→色調→2值化」將顏色轉換為黑白兩色。

因為不能用標準色版在這個畫面著色，必需轉換到另一畫面著色，所以現在就轉換到RGB色彩。

3. 畫上多了幾隻腳，因為目前正因尚未決定姿勢而困擾不已。

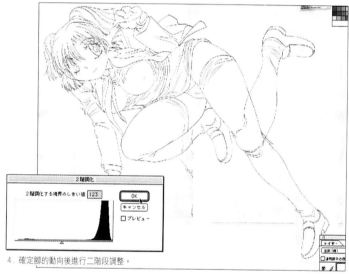

4. 確定腳的動向後進行二階段調整。

進行索引色彩作畫時，按照以下步驟就可以全色彩及單一色彩板開始轉換。

1）以標準色版二值化處理。
2）轉換色彩。
3）變換到索引色版。

色版選擇256色系統，我認為目前不見得有人用索引色版來描繪人像，因為記憶體的使用量是一般的3分之1，速度也相當快，我個人也是索引色版的愛好者（笑）。

5. 清除多餘畫線，連接未封閉的主線。

★畫線修飾及設定

　　清除多餘畫線，連接未封閉的畫線（5），畫線修飾完成後，進行畫線著色。首先索引顏色色版，填上滿滿的色彩，我再利用這索引色版著色，因為顏色的彩度調整等有一定的限度，但索引色版對於縮小顯示時輪廓還清晰可見，噴槍呈off狀態的粗體效果，更容易著色，著色效果也更顯著（6）。

6．畫線完成後，將色彩轉換為索引色彩。

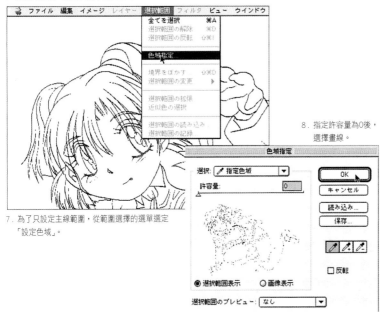

7．為了只設定主線範圍，從範圍選擇的選單選定「設定色域」。

8．指定許容量為0後，選擇畫線。

　　著色時為了保護畫線，先進行畫線設定。

　　畫線的顏色用吸管吸取後，開啟「選取範圍→色域選擇」對話方塊（7），選擇指定色域，許容量為0（8），按下OK後，選擇畫線，為了只進行畫線著色的動作，選擇「選取範圍→選取範圍反轉」來保護畫線，在這個狀態下描繪（9），先記錄下選取範圍以備不時之需。以「選取範圍→記錄選取範圍」來選取範圍的儲存，以「選取範圍→讀取選取範圍」來叫出選取範圍，以「視窗→表示途徑」來選取範圍的確認，以「#4」來儲存選取範圍，若嫌選取範圍方法太繁雜，也可選擇「顯示→隱藏境界線」這個方法（10）。

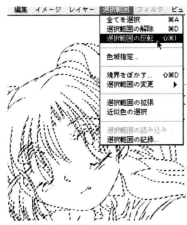

9．選擇「選取範圍反轉」。

10.預先隱藏表示的選取範圍。

② 著色

★用單一層次來著色

　　接下來是塗上顏色，介紹重覆使用單一層次來著色的方法，以顏料罐（水桶？）的功能在封閉區域塗上相同顏色，以接近原色的顏色來著色，不過不用原來顏色也無妨（12），我認為這樣較容易察覺出漏掉部份，若有中斷的輪廓線時，顏色就會溢出（11），只要在中斷的輪廓線上以黑色畫線補上即可（13、14、15）。

11. 畫線沒有完全封閉會造成顏色外溢。

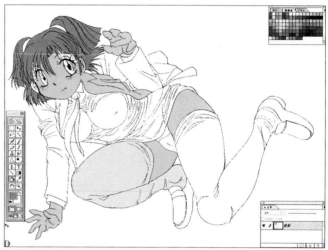

12. 不一定要用原來的顏色來著色。

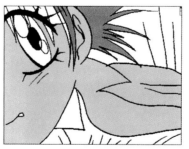

13. 顏色溢出到外套上。

14. 封閉臉上的輪廓。

15. 用其他顏色塗在外套上。

★ 加上陰影

完成著色後，接下來就是加
上陰影，陰影部份不用原來顏
色也沒關係，選擇且相鄰顏色
易於識別的顏色即可。首先用
鉛筆畫出陰影輪廓（16），接著
在此封閉區域塗上顏色（17）。

16. 用鉛筆畫出陰影輪廓。

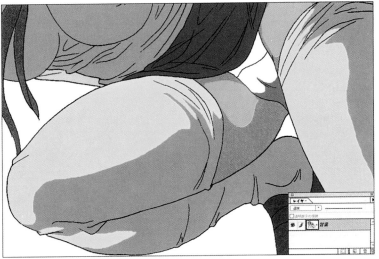

17. 畫好輪廓後，著色。

陰影本來是為了展現2D畫像
的立體感所使用的技巧，其與
實際陰影不同，且有相當大的
差異，目前有2~3層的陰影，這
個狀態正好能充分表達出質
感，過多的陰影反
而不好。

18. 畫出2~3層的陰影，過多反而不好。

毛髮的陰影也完成了，修正膚
色陰影不協調的部份（19）。

19.整體來看，修正陰影不協調的部份。

★ 轉換原來的顏色

　　接下來進行顏色轉換，也可選擇
色彩，因為設定選取範圍後被選取
的範圍無法做其他動作，必須預先
以「command+D」來解除設定。

　　顏色的轉換，首先選擇欲轉換部
份的顏色，選擇「功能匝→色調補
正→顏色轉換」（20），移動HSB
的游標，設定需要的顏色（21），
因為必須熟練程序，第一個方法會
比下一個方法來得好吧！

20.以吸管來吸取欲轉換的顏色。

21.以游標設定需要的顏色。

★其他顏色的轉換方法

　　首先開啟畫像參考色的檔案，用吸管指定區域色後，「選取範圍→色域選擇」選擇區域（22），從希望吸取顏色的檔案吸取顏色，接著用「編輯→著色」功能，選擇色彩來著色（23），完成了顏色轉換（24）。

22. 從參考色的檔案吸取「膚色」。

23. 指定欲變更色彩的範圍，著色。

24. 完成所有希望轉換的「膚色」。

對顏色換置在選定範圍後，可以「功能匣→色調補正→色相·彩度」來調整（25），可依自己的喜好來調整，在全色彩時就可調整，但目錄色卡時就不行了。

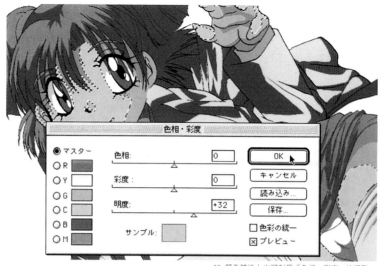

25.顏色轉換上也可利用「色相.彩度」的調整。

★ 追加亮度反射、陰影

大致的顏色都轉換了，由於這個狀態並不夠完整，必須添加些陰影及一些細目的修補，之前顏色變換時，可能因為輪廓畫線的範圍已取消了，所以只好重新再圈選（26），叫出剛剛設定範圍的記錄「選取範圍→範圍讀取」。

26.顏色大致轉換完成時，再次叫出設定好的範圍。

現在追加毛髮反射亮度，及嘴形的調整（27）。

27.細部做些微的調整，毛髮反射的亮度及嘴形。

現在在毛髮上添加陰影，添加時也同樣秉持著「塗上接近的髮色後再做調整」的這個原則。這時，利用畫面上除外的顏色也是一個重點，在這個區域用黃色標示出來，但又不同於襪子的顏色（28）。

28.在髮上陰影部份塗上不同的顏色。

追加上衣的陰影、虹彩、及其他部份的陰影（29、30）。

30.添加虹彩。

29.完成頭髮上的陰影。

31.人物大致已完成，接著就剩修飾處理。

到此為止，大致上已完成，接下來是介紹修飾處理。首先為了讓襯衫的皺摺更清楚，換上黑色以外的顏色。

★主線上色

以黑色以外的顏色變更襯衫的皺線，作法與先前顏色換置相同，但這次並不是整個畫面，只需選擇襯衫有皺摺的部份，這個部份也能有很多的作法。首先解除畫線的設定「選取範圍→選擇範圍解除」，接著以虛線設定選擇襯衫的區域也包含皺摺部份，也就是繞著輪廓的感覺，不需再圈選，同時按下Shift鍵及以虛線設定一點一點地添加選取的範圍即可（32）。適度地選取後，以「選取範圍→色域選擇」來選擇襯衫的皺摺線（黑線）。

32.為變更襯衫的皺摺線而選取。

33.同時按下Shift鍵及以虛線設定增加選取範圍。

再來，以「編輯→著色→描色」變更適當顏色（34），關閉虛線設定的粗體功能，並注意是否轉變為「朦朧度：Opixels」。

34.使用「著色」變更適當的顏色。

完成後，同樣的步驟，將褲子及襪子等等的部份加以變更（35）。

35.完成後，再換上原來的顏色。

1	2	3
36. 選擇袖子的部份。	37. 切離選擇範圍。	38. 移動至適當位置。

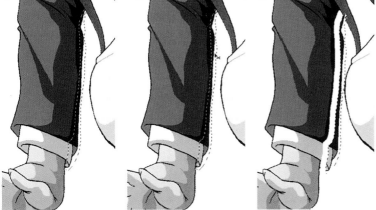

★ **整體協調度的調整**

　　以整體的感覺來做適度的修正，（其實應該是在著色前就進行修正的工作的…（^_^;）修正大腿腿肚的曲線，還有胸部、上衣的袖子部份也作些微的修補，方法是解除整體的畫線設定，設定橡皮擦或鉛筆畫上新的輪廓線，用著色設定以白色消除其原設定色，著上新的顏色。在新畫面上畫出來的感覺，就像塗在另一個用線圈出來的部份一樣，極單純的作法，但是這樣呈現出來的效果並不理想（實際上這個方法也相當花時間）。為了讓上衣的袖子部份稍微大一些，可選擇輪廓將之切除、分離（36、37、38）。在分離的部份加上畫線著色即可（39、40），在這個加筆修正的項目中，若不是相當有繪畫經驗的人也可以做到。還有，同時進行膚色及上衣陰影這些細部的調整。至目前為止，人物像已完成了。

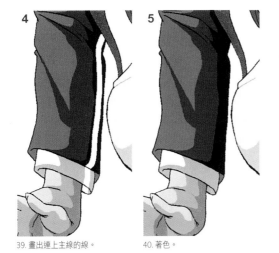

4	5
39. 畫出連上主線的線。	40. 著色。

彩繪人物完成！！

41.

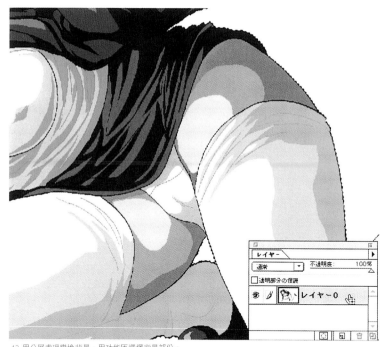

③ 背景合成處理

★用分層處理來合成背景

現在我們先以簡單的例子來解說背景合成作業，我個人在背景處理上都較為複雜，但這次我們就以一般的作法來說明。

為進行合成作業，必須在調色盤中設定顏色，到目前為此都可利用作業色塊來處理，但是從此之後的作業程序，若不用調色盤的話，作業程序就會變得很複雜。我們在使用調色盤的前提下，為你解說畫法，設定RGB的方式「功能匣→方式→RGB色彩」。

在背景合成的作業上，使用分層處理就非常方便了。以下為您介紹即使是選取範圍也能輕鬆地完成喔！那就是使用分層處理。現在即使是價格低廉的軟體圖片也使用多層處理。首先顯示多層次視窗，雙重壓縮背景，選擇分層處理，用分層處理來變換背景，接下來選擇畫的背景部份，以功能匣來選取希望加入的背景，也可使用色域選擇，因為也有其他部份使用白色，很糟糕。背景用白色以外的顏色或者衣服用白色以外的顏色，可以選擇更容易的方法。同時按下Shift鍵及以功能匣，選出背景中想抽出的部份（42），選取後按下delete鍵，即消除背景（43），如此即成背景透明的畫了。

42.用分層處理變換背景，用功能匣選擇背景部份。

43.以delete鍵清除背景。

ALL（眼球）

接下來合成背景，就這個來說，因為這個女子的姿勢有如漂浮在宇宙中，我覺得以宇宙為背景最適合。這時，在女子和背景之間加入什麼樣的效果，才能使得人物不致於顯得暗淡。現在我們就來做做看吧！

首先，以新規分層處理作出效果及背景層次，以背景層次來說，將背景全部塗黑後，選擇人物層次，以「選取範圍→讀取選取範圍」來選擇「人物／透明部份」。完成人物的透明部份選取（44）。

接著，選取範圍擴大4倍，再以8倍暈色將顏色轉淡（45）。

44. 在「讀取選擇範圍」選擇「人物／透明部份」轉換。

45. 選取範圍擴大4倍，再8倍暈色將顏色轉淡。

以「編輯→著色」在選取範圍塗上白色（47），之後替換分層處理，在人物的地方叫出「效果」層次（48）。

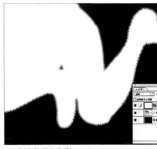

46. 選擇人物的內側。　47. 以白色塗在內側。

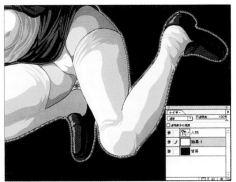

48. 塗後以「人物」後方來轉換層次。

接下來在背景黑色部份加入逆
光線，來展現宇宙的感覺，最後
加入文字或紅暈、光芒做修飾。
首先在兩頰加入紅暈，這是彩繪
的基本並不太花俏，接著用白色
刷子刷上光芒，因為層次的不透
明度相當高，那是濃度較高的效
果（49），你可依右圖調整各層次
的不透明度（50）。

49. 在背景、人物上加入光的效果。

50. 壓光調整是調整不透明度，不致太過花俏。

最後刪除不要的部份，加入光線
就完成了（^_^）。

51. 整體調整，完成。

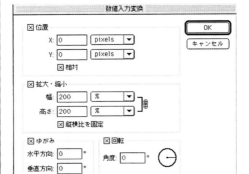

52.複製人物。

53.利用上述功能倍數放大。

★ **以人物為背景**

以人物的部份為背景來展現不同的風味，首先複製人物（52），再以分層處理將之擴大（53、54）。

將這放大後的人物像調整到適當的位置，再用透明度調整來調整後面人物的透明度（55）。

就成了右圖這樣的感覺。

54.放大「人物」。

55.放大後人物的透明度。

將這放大後的人物像調整到適當的位置，再用透明度調整來調整後面人物的透明度（55）。

就成了右圖這樣的感覺。

56.成品。

④ 畫像縮小

★ 類似壓縮的效果

這次的作品主要是為了展示用，而因這麼大的作品無法刊登，所以就將它縮小至2分之1，在「功能匣→畫像解析度」就可調整縮小比率，長度以％表示，填入50，取樣必需指示在ON（57、58），縮小後就只剩下1000*800大小，也可做為壁紙等用途多多喔！

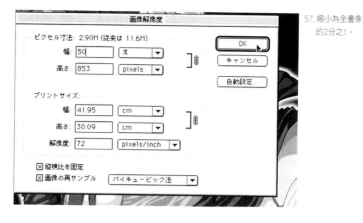

57. 縮小為全畫像的2分之1。

58. 縮小後約1000 x 800大小。

雖然未經壓縮的CG很清楚（59、61），但我感覺壓縮的效果比直接縮小要來得清晰（60、62），彩繪是為了使輪廓清晰分明，輪廓的明確與照片不同，這樣的CG以jpeg來壓縮效果會很差，但若用壓縮或採取暈色處理，不論壓縮率的高低，效果似乎都比較好。處理後的CG以jpeg儲存，公開在網路上。

59. 一般大小的「喬琪」。

60. 「壓縮」後。

61. 非常鮮明的「喬琪」。

62. 曚朧的美感。

G·A·L·L·E·R·Y

Atsuko Aono

個性獨特的神之miwaza，希望能將臉靠近電腦圖像(CG)細膩的畫面，仔細地瞧瞧圖像的細微部分。連頭髮都畫得簡直和真的一樣。另外，在電腦圖像(CG)的製作上，加上陰影的過程，則可按照陰影的種類來整理。(伊藤明)

自畫像

【筆名】
神之miwaza

筆名的由來，並沒有什麼特別深的含意，是根據自己喜歡的樂團所唱的主題歌(神之御業)而命名的。聽起來似乎不錯，就拿來當作筆名了。

【棲息地】
秘密。

【出生日期】
1975年5月19日。

【個人電腦本體】
組合式AT互換機　安裝
WINDOWS98也不會發生什麼困擾
的聰明女孩。

【安裝的CPU】
Celeron300MHz　超頻為450MHz

【安裝的記憶體】
255MB

【HDD結構】
8GB+2GB

【顯示器】
NANAO17吋
已經非常舊了，有時整個畫面的
顏色都會改變。

【使用解析度】
1024*768(高彩32位元)

【掃描器】
(EPSON GT-5000WINS)

【圖形輸入板】
(WACOM ArtPadII)
表面已經磨損不堪了。

【印表機】
(EPSON PM750C)
雖然也列表機，但很少使用。
隔了好久一段時間，最近才又使
用，連油墨都變色了(笑)。

Photoshop 3.0-J
如果沒有指令面板 (Command
pallet)，就無法繪圖。我曾經
想要用4.0以後的功
能面板 (Action pallet) 來替代，
但總覺得不太符合我的性格。

GUILD HOUSE/神之みわざ
http://www.ceres.dti.ne.jp/~miwaza/

2．改變線條的顏色，進行謄稿的狀態。

1．原畫掃描進來的狀態。

| ドア線画 |
| アームウォーマー・帽子線画 |
| 服線画 |
| 肌・顔線画 |
| 背景 |

▲ 製作完成的線條畫圖層的詳細內容。

3．全部謄好稿之後的狀態。

① 修正線條

　先用掃描器將畫稿掃描進去。我是在小孩子塗鴉用的簿子上打草稿，用自動鉛筆而不用鋼筆畫。

　掃描進去的畫稿大小，差不多是達到顯示器的解析度之極限的感覺。以我的作業環境來講，是1024 768。掃描進去的畫稿大概是此畫面的大小，或稍大一點。

　用灰色標度模式將畫稿掃描進去之後，再轉換成Photoshop的「RGB」模式。然後，用「色度/飽和度」改變整體的顏色(此時在「色彩的統一」上打勾)。
這樣，比較容易與謄稿後的線條有所區別。在這裡，我試著換成紅色的線條。

　接著，重新畫「線條畫」的圖層(正常的模式)，使用直線工具、路徑工具等，用黑色線條來描繪畫稿。此時，如果各個部分能分為圖層來描繪，以後處理起來會比較輕鬆。

　以我的情況來講，頭髮的部分是在以後才全部塗上去。所以，此時並不修正頭髮的線條。

　線條修正完畢後，用「橡皮擦工具」擦掉掃描進來的線條畫(只留下需要的部分)。

　打好底稿之後，再分成「背景」和「主線圖層」。如果直接塗上顏色，主線就會消失。所以，可按照下述的步驟，只取出線條畫黑色部分的圖層。雖然這是基本上的畫法，但還是不能忽略……。(笑)
以後在著色時，都必須在「主線圖層」的最上頭，展開作業。

接著，使用Quick mask列出各部分的選取範圍。首先，在「自動選取工具」上，任意地點選畫稿的一部分，粗略地選取其範圍(選擇的顏色範圍：6　反鋸齒狀效果(Anti-Alias)：ON　樣本合併：ON)。其次，從功能表中選取「選取範圍→選取範圍的變更→擴張」，「擴張量」為1像素，按下OK。

就這樣，選取的範圍就會呈現稍微超出主線的狀態，再切換為「Quick mask模式」，用筆刷工具或直線工具，來修正超出主線的部分。

1．用「自動選取工具」選取肌膚部分的狀態。

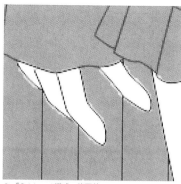

2．「Quick mask模式」修正前。

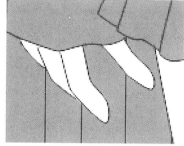

3．「Quick mask模式」修正後。

修正好了之後，就回到「畫像描畫模式」，將選取範圍記錄在「色頻(Channel)」上。

比方說，選取肌膚的範圍時，如果在用「肌膚」作為途徑的名稱，以後就會比較清楚。

應盡可能將選取範圍做細部的區分。比如，門的部分可按每「面」來區分，區分為明亮面、陰暗面、最暗面……等。我選取的最後範圍，如圖所示。

這項作業是最麻煩，但如果能夠努力做到這一點，以後會有很大的幫助。所以，希望各位能夠堅持下去……。

A．▲正在將選取的範圍記錄於色頻(Channel)上。

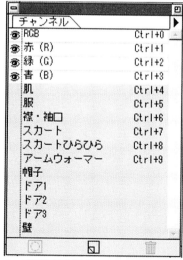

B．▲選取範圍的詳細內容。

1. 肌膚——描出陰影形狀的狀態。

2. 肌膚——用「噴槍工具」暈映出陰影的狀態。

③ 塗上肌膚的顏色

　　接著，做出「肌膚」的圖層 (乘法模式)。叫出方才列出的肌膚的選取範圍。

　　全部塗上基礎色之後，再用「筆刷工具」畫出較深的顏色，描出陰影的形狀。

　　我希望這張畫的光源是從斜上方下來，所以一方面考慮到這一點，一方面像在畫動畫一般地塗上顏色。

　　其次，做出比陰影的顏色淡，比基礎色深的中間色，用「噴槍工具」暈映在想要使顏色濃淡界限模糊不清的部分上。「噴槍工具」的強度，約為20%左右。

　　以這種方式，再做出更濃的顏色，描出陰影的形狀，用「噴槍工具」塗出濃淡界限模糊不清的顏色。反覆地進行此一步驟。

　　大致將肌膚深色的部分塗完之後，再做出比基礎色較淡的顏色，塗在明亮的部分。塗顏色時，必須注意的是，應盡可能地反覆塗上差距小的顏色。如果塗上差別太大的顏色時，顏色的界限就無法塗得勻稱、漂亮。

3. 肌膚——塗完之後的狀態。

4

在大致塗上肌膚的顏色之後，接著在其他部份塗上陰影。做出「陰影」的圖層（乘法模式）。叫出想要塗上陰影部份的選取範圍，使用「筆刷工具」，以明度為90％的淺灰色，在細微的部分上描出陰影的形狀。

描完陰影之後，再使用「噴槍工具」，以比方才的顏色更淺的灰色，暈映在想要使顏色濃淡界限模糊不清的部分上。

要是此時全部塗上濃淡界限模糊不清的顏色時，就會形成沒有層次感的陰影。因此，應該一邊留下用鉛筆描繪的部份，一邊暈映出顏色（剛開始時要用筆刷工具取出陰影的形狀，目的就在這裏。）

接著，用「焦黑工具」，將想要有較深顏色的陰影部份調暗下來。曝光量大約為20％。

1.陰影──描出陰影形狀的狀態。

2.陰影──用噴槍工具暈映陰影的狀態。

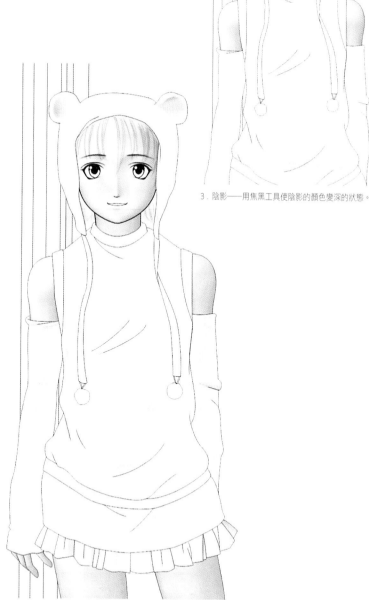
3.陰影──用焦黑工具使陰影的顏色變深的狀態。

4.陰影──塗上全部陰影的狀態。

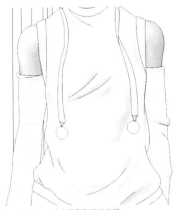

1. 大陰影——畫出陰影形狀的狀態。

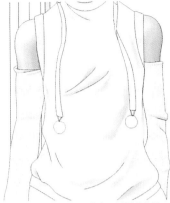

2. 大陰影——用淡化工具做出明亮部分的狀態。

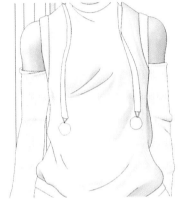

3. 大陰影——只表示「大陰影」的狀態。

4. 大陰影——用噴槍工具暈映陰影的狀態。

5. 大陰影——塗抹完畢的狀態。

⑤ 塗上陰影(2)

塗上陰影時,光是按照上述的方式還不夠,還必須塗上「整體的陰影」。換句話說,就是做出「大陰影」的圖層(乘法模式)。

叫出想要加陰影部分的選取範圍,然後以與上述的「塗上陰影」相同的步驟來塗上陰影(描出陰影的形狀→用噴槍工具暈映陰影→用焦黑工具使陰影的顏色變深)。不過,有些部分會因為面積太大,不容易用「焦黑工具」塗抹。此時,就必須由自己做出比較深的灰色,用筆刷工具或噴槍工具來潤色。上述的「陰影」與這次的「陰影」不同的地方,在於上述的「陰影」是衣服等細皺摺的陰影,而這次的「陰影」是表示衣服等整體形狀的陰影。

其次,使用「淡化工具」,使這個「大陰影」不明亮的部分,變得明亮起來。

曝光量大約為30%。與此同時,用「手指工具」來整理陰影的形狀。

將「色彩濃淡度工具」的選項(Option)轉換成「乘法」模式,在淺灰色的狀態下,進行數次的色彩濃淡度調整,再塗抹於作為背景的牆壁和門的「大陰影」部分上。

如果只表示「大陰影的圖層」時,可按照左圖的方式來做。

❻

其次是塗上各部分的顏色。做出「顏色」圖層(乘法模式)。叫出想要塗顏色之部分的選取範圍,「全面塗抹」上灰色,以「色度/飽和度」來決定基礎色。

決定好顏色之後,再配合基礎色改變「陰影」、「大陰影」的顏色。叫出想要改變顏色之部分的選取範圍,用「色度/飽和度」來改變。比方說,就算基礎色是藍色,陰影的顏色也不一定非要用藍色系列不可,配合當時的心情,使用自己所喜歡的顏色也無所謂。

陰影的顏色改變完畢之後,就回到「顏色」的圖層。

其次,做出比基礎色還亮的顏色,用「筆刷工具」、「噴槍工具」等,塗抹在想要變得明亮的部分上。慢慢地使顏色明亮起來。此時,也要和塗抹「肌膚」時的手法相同,做出差別不大的顏色,再塗抹上去。

1.顏色──全面塗上各部分顏色的狀態。

2.顏色──改變各部分陰影顏色的狀態。

3.顏色──只表示「陰影」和「大陰影」的狀態。

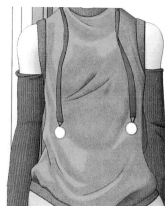

4.顏色──描出明亮部分之形狀的狀態。

5.顏色──用噴槍暈映明亮部分的形狀。

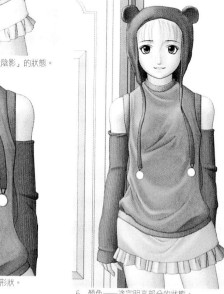

6.顏色──塗完明亮部分的狀態。

7 背景的污跡

作為背景的牆壁和門，如果維持原樣的話，質感就會不足。所以，不妨加一點「污跡」。

做成「污跡」的圖層(乘法模式)。

做出適當的顏色之後，再用「噴槍工具」和「筆刷工具」，反覆地塗上淡淡的顏色，使牆壁和門看起來髒髒的。如果各用筆刷工具的選項(Option)，降低「不透明度」來潤色時，反覆塗抹的話，我想應該可以輕鬆許多。

用「增加雜色」，可以營造出粗澀感。

1．沾有污跡的牆壁——增加雜色的狀態。　　2．沾有污跡的牆壁——加上污跡的狀態。

順便提一下，由於服裝看起來有些冷清的感覺，所以在這個圖層上，加上橫線條。這道手續不過是用粗的「筆刷工具」，簡單地加上橫線條而已。

3．沾有污跡的牆壁——塗完污跡的狀態。

8 塗上淡淡的顏色

這次,再反覆地塗上別的顏色。先做成「淡顏色」的圖層(正常模式:不透明度30%)。

叫出想要塗上顏色之部分的選取範圍,做出與基礎色稍微不同的顏色,用「噴槍工具」輕輕地塗上顏色。「噴槍工具」的強度為10%。

這裡雖然提到顏色的做法,但所謂的「明亮的顏色」或「陰暗顏色」,不過是一種感覺而已。在製作顏色時,也要考慮到光源的顏色和周圍景物的顏色。

在這張圖畫中,我想以太陽光作為光源,所以「明亮的顏色」是略帶黃色的顏色,而「陰暗的顏色」只是單純地塗上略帶藍色的顏色罷了。之後,還得配合塗色部分的顏色,嘗試做出適當的顏色。

如果只要表示「淡淡的顏色」之圖層時,則像右圖這種感覺。

1. 淡淡的顏色——塗上淡淡的顏色之前的狀態。

2. 淡淡的顏色——在肌膚的部分上,塗上淡淡的顏色之狀態。

3. 淡淡的顏色——只表示淡淡的顏色之狀態。

4. 淡淡的顏色——塗完之後的狀態。

5. 淡淡的顏色——只表示淡淡的顏色之狀態。

1. 頭髮——全面塗上灰色的狀態。

2. 頭髮——用焦黑工具塗抹,再用淡化工具,襯托出最明亮部分的狀態。

3. 頭髮——改變顏色,提高對比的狀態。

4. 頭髮——用噴槍工具添畫上細髮的狀態。

⑨ 頭髮

塗上頭髮。做出「頭髮」的圖層(正常的模式)。

以明度50%的灰色,全面塗上頭髮的部分。

逐漸提高「焦黑工具」的曝光量,一邊將筆刷的粗細縮小,一邊描繪頭髮。

用曝光量較低的「淡化工具」,大致地塗上具有強光效果的部分。

其次,用「色彩平衡」或「色度/飽和度」,將整個頭髮的顏色改變為自己所喜歡的顏色。

決定好顏色之後,用「明度、對比」提高顏色的對比,來強調強光效果。

然後,在上面描繪出更細的頭髮。方法是用「滴管工具」適當地挑出頭髮的顏色,再用最細的筆刷描出頭髮。

如果覺得頭髮有沈重感時,可將「橡皮擦工具」當作「噴槍」,輕輕地擦拭看看。

1. 強光效果——在眼睛和嘴唇上,襯托出最明亮部分的狀態。

⑩ 在細微的部分上塗上顏色

做出「強光效果」的圖層(正常的模式)。在此圖層中,在下述的部分上塗上顏色。

◆在眼睛和嘴唇上,襯托出強光效果。

2. 強光效果——用白色塗上輕盈的部分,加上陰影的狀態。

3. 強光效果——用手指工具做出起毛的狀態。

◆畫出帽子前端輕盈的部分。方法是全面塗上白色之後,在加上陰影,然後用「手指工具」,使其表面朝外側起毛。

◆在作為背景的門的隅角部分，加上強光效果。

用「玻璃吸管工具」挑出加上強光效果之部分的顏色，再作出比該顏色稍亮的顏色。

用「直線工具」襯托出強光效果，彷彿將主線遮掩住一般。

◆牆壁的部分還有點美中不足，可以適當地添畫上龜裂、缺損的地方。

4. 強光效果──門的部分襯托強光效果前的狀態。

5. 強光效果──門的部分已經襯托出強光效果後的狀態。

6. 強光效果──牆壁的部分添畫上龜裂、缺損地方的狀態。

⑪ 改變主線的顏色

改變主線的顏色。方法是將想要改變顏色的部分，用「套索工具」圈起來，再用「色度/飽和度」改變顏色和明度。剛開始時，用線條畫將每個部分分開，目的就在這裡。由於事先已經分開，所以比較容易用「套索工具」圈起來。

1. 選取改變主線顏色之部分的狀態。

想要在細微部分改變顏色時，可用「淡化工具」和「焦黑工具」來調整。

使用「淡化工具」時，如果將選項（ Option ）調為「強光效果」時，我想會很容易就呈現出光線正在照射時的感覺。

2.改變主線顏色的狀態。

3.改變全部主線顏色之後的狀態。

⑫ 塗上深的陰影

添加「東西」的陰影與其他「東西」重疊部分的陰影(比方說,「帽子的陰影與臉重疊」或「裙子的陰影與腳重疊」等。)

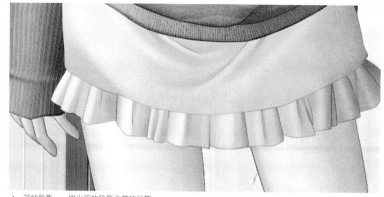

1. 深的陰影——描出深的陰影之前的狀態。

在方才做出來的「強光效果」的圖層之下,製作「深的陰影」的圖層。

叫出想要描出陰影之部分的選取範圍,用明度90%左右的淺灰色描出陰影。

陰影的描法,步驟與描畫「陰影」、「大陰影」時相同。

描完陰影之後,陰影的顏色也要配合各個地方做改變。

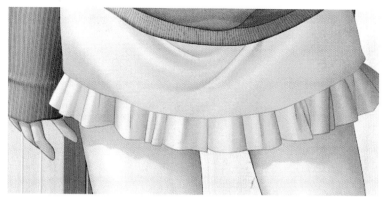

2. 深的陰影——在手和腳的部分上描出深的陰影之後的狀態。

如果只是表示「深的陰影」之圖層時,感覺上如圖4所示。

3. 深的陰影——描完深的陰影之狀態。

4. 深的陰影——只表示「深的陰影」之狀態。

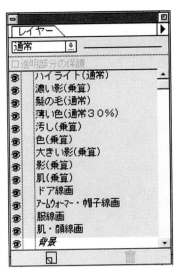

1. 做好的圖層的詳細內容。

⑬ 最後潤飾、調整

　　將未塗上顏色的部分進行修正，調整陰影的濃度、顏色之後，這張圖畫就宣告完成。

　　有時在做完上述的步驟之後，還必須進行裝飾，或在「圖層的統合」後，用「變化(variation)」做全體的調整。

　　如果要上載到網路上時，最好是把畫像的尺寸縮小。所以，可用「畫像解像度」將整個尺寸縮小。

　　到目前為止所做出來的圖層，如圖所示。

⑭ 最後的階段

　　讀到這裡，想必各位已經非常累了吧！

　　雖然我嚐試做了一次的說明，但或許讀者會認為在顏色的塗法，以及表現技巧上，有許多行不通的地方。比方說，想描繪夜晚或在陰暗地方的圖畫時，用我的方法來塗色，可能反而更麻煩。所以，只要讓各位知道「還有這種畫法」，並且作為參考的話，我就會覺得非常榮幸。

完成！

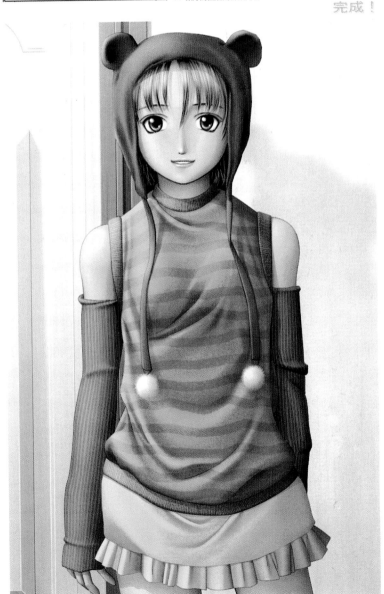

不知道讀者會不會說：怎麼老是畫這些？
幾年前，我真的就只畫這些圖畫。就是現在偶爾也
會懷念起當時的情景，而不由得畫起這類畫來。

這一張是聖誕節時
畫的。
在這一張圖畫中，我主
要是想畫蛋糕(笑)。
我是參考某商品目錄而
畫出這張圖畫的。
儘管如此，蛋糕似乎厚
了一點，對不對？

畫得最辛苦的要數蛋
糕，尤其是草莓……。
不知何故，
光是畫個草莓，就需要
五張圖層，有時會覺得
非常辛苦。

1998/03/10 K.MIWAZA

眼看著春天就要到，所以我就畫出這種
感覺……。
雖然以「白色外套」為主題，但畫好之後一看，卻
一點也沒有春天的氣息，就連外套也不顯眼……。
事先沒有構想好，還真的是不行。

正如各位看到的，這是描繪梅雨
季節時的圖畫……。
雖然我還沒有決定要畫什麼圖案，
但從此時起，我已經改變了鼻子的畫
法了。
不過，還在摸索之中……。

我並沒有特別改變繪畫技巧。
可是，由於我總是有使用彩度高
的顏色之傾向，在這張圖畫中，為了
營造出「梅雨時」的氣氛，最後，我
將整體的彩度降了許多。

1998/05/19 K.MIWAZA

這一張圖畫是舊作，在還沒有充分瞭解Photoshop的
機能時所畫的圖畫。
所以，我記得花了很長的時間才畫好。
啊！當時我剛知道肌理描繪的貼法，所以也就拼命
地畫(笑)。

由於我完全不瞭解透視畫法，所以這一方面畫得
亂七八糟。
(現在也不是很瞭解，但⋯⋯)

在作畫時，記得好像是快要黃昏，當時我想將
晌午時分的氣氛描畫下來，
而作了這一張畫。

這一張圖畫是我看了比利時旅遊指南時
所畫下來的。
背景的畫法是以那一本旅遊指南的
照片為參考。
我想畫的是近處比較暗，遠處顯得明亮
的感覺。
現在看來，近處應該還要畫暗一點比較
好。

我記得當時費了很大的工夫，才使
牆壁產生出質感。
不知道什麼緣故，我反覆地塗上各種
顏色。

competence.

這一張畫是很久以前所畫的……這裡也下著雨。

國旗是比利時的國旗。
我最喜歡比利時(但不曾去過……)
聽說那裡雨水比較多。

由於是舊的畫作,總覺得皮膚的彩度高得有點奇怪。

岩崎貓 Windows / Photoshop

這次，岩崎小姐所教的將選取範圍儲存在色頻(Channel)的方法，對機器的負擔比反覆地製作圖層還小。所以，在機器動力遭遇到瓶頸時，會非常有幫助。(伊藤明)

自畫像

【筆名】
岩崎貓

和以前的本名發音差不多。
(現在因為發生了某些情況，名字就不一樣了……。)

【本名】
名字為「麗子」。
(反正女孩子結婚之後，姓氏就會改變。所以，姓氏從略。)

【出生日期】
19xx年6月28日出生。
(屬於巨蟹座，對不對？)

● 使用的機器和材料 ●

【個人電腦本體】
在秋葉原一家名叫「開拓者」的商店購買的。不過，還需要補充一些電路板和
HDD。

【安裝的CPU】
Pentium166Mhz(所謂的MMX)。

【安裝的記憶體】
96MB

【HDD結構】
內裝2GB
(SCSI內裝1GB)

(OS：Windows95)

【顯示器】
PHILIPS的BRILLIANCE 15A(15吋)
常有人問：「用15吋的顯示器畫圖？」
(我自己並不會覺得不方便。)

【使用解析度】
1024　768
高彩32位元

● 周邊機器 ●

【掃描器】
EPSON GT-9500
雖然眼看就要無法發揮作用了，但用起來還是非常順手。

【印表機】
EPSON MJ-830C
這是爸爸的印表機。(有時向他借用)

【MO】
Logitec LMO-480H
向別人借來的。

【圖形輸入板】
WACOM的UD-0608II

【數據機】
microcom VoicePort33.6S-Win
正在研究換個新的數據機。
我想目前應該還不需要ISDN。

● 使用的軟體 ●

Adobe Photoshop 4.01」
差不多所有的圖畫，都用這一套軟體來畫。

【註解】
住在東京都的自由畫家。
(主要從事的是以遊戲軟體有關的圖畫製作)。
製作(CG)的經歷二～三年左右。

猫秘密情報結社/岩崎れえこ
http://www.246.ne.jp/~reiko-h/

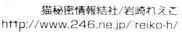

我自己還在學習當中，愚蠢得還需要人家的指教。但是，我所談到的方法，如果能夠帶給想要製作電腦圖像(CG)的人一點啟示的話，我就會感到非常的榮幸。

1．決定好所要畫的主題之後，就開始畫草圖。

2．用鉛筆描繪草圖。

【需要的東西】
．原稿畫。
．將圖畫掃描進來的掃描器。
．繪圖軟體(這裡使用的 Adobe Photoshop的4.01」)。
．如果有的話就會非常方便的圖形輸入板。
　…只要有了這些東西，我想差不多所有的CG都能畫。

① 先畫出草圖

　　一邊亂塗鴉，一邊決定想要畫的主題。決定好主題之後，建議各位先畫好草稿。
　　草稿只要是「把影像記錄下來」的程度即可。
(我是從草圖開始畫起，一直畫到線條畫。所以，一定要畫草圖。如果在腦海中浮現出某些影像時，立即把它畫下來的話，以後想要畫的時候，就會比較方便。)

　　認為『麻煩』的人，一開始就畫原稿也無所謂。(關於這一點，每個人都有自己的風格)

② 繪製原稿

　　接著，就來開始畫原稿。我不擅長用鋼筆作畫，所以在繪圖板上，用鉛筆畫出草圖。
(用鋼筆畫圖的話，線條會顯得比較硬)

　　擅長畫鋼筆畫的人，最好還是用鋼筆來畫。(在後面所述「清除多餘線條的作業」中，會比較輕鬆。)

掃描進去

來看看將原稿掃描進去的情況。

・200 dpi

・以B5的尺寸為基準，考慮到完成之後的縮小畫面。所以掃描進來的原畫，約為B5尺寸的1.5倍。

・黑白的原稿

這一次用上述的條件將原稿掃瞄進去。如果用在web上，解析度就算是150dpi左右，我想完全不會有問題。若是考慮到完成之後的縮小圖時，尺寸應該稍微放大一點。

(這一次是與機器的規格妥協，才會用200 dpi來掃描，但如果考慮到列印的情況時，以250 dpi左右會比較理想。)

為什麼掃描時，要用黑白的原稿呢？因為將彩色的原稿掃描進去時，畫面的邊緣或線條的交界，常會有顏色不均勻的現象發生。

3．將原稿掃描進去。這次是用200 dpi掃描的。

清除原稿上的多餘線條

掃描入電腦內的原稿，根據掃描器的條件，而會產生出不同的效果來。有些用橡皮擦擦掉的線條痕跡，多餘的點，甚至連紙上的些許污垢，都會掃描進去。因此，必須將掃描入電腦內的原稿，維持主線為黑色，線條以外的白色部分為白色才行。

首先將黑白的原稿轉換為彩色。(由於黑白的原稿是「從白色到黑色的256色」，所以如果將全彩的色素變換一下，可以有利於進行微調。)

Photoshop的「影像→調整→色階」、「影像→調整→曲線」或「影像→調整→亮度、對比」全都可以用來強調「黑」和「白」(由於我已經用習慣，所以覺得這種模式很好用。以比較淺顯易懂的說法來講，使用的步驟我想應該是「亮度、對比」、「色階」、「曲線」。初學者不妨選取「亮度、對比」來玩看看。)

4．正在清除多餘的線條。

5．掃描進來的資料，淨是多餘的線條。

6. 將殘留的點或線條，全面塗上白色。

我大多在選取「色階」之後，還會用「亮度、對比」來調整。如果畫面上殘留著多餘的黑點或線條的話，我就用「鉛筆工具」或「筆刷工具」，全面塗上白色。

7. 將多餘的點或線條，大致清除掉之後的狀態。

8. 用筆刷工具修正。

5 掃描後的線條修正

在凝視經過整理之後的畫像時，如果覺得「在這裡需要加一條線」、「這條線不需要」、「這條線太髒」、「那個部分有一點偏離」等情況時，就要進行線條修正。

可使用「鉛筆工具」或「筆刷工具」，將線條添上去、去除或重畫。使用「選取範圍」來修正看起來偏離的地方。

9. 將細微的部分放大，以找出覺得不對勁的地方。

(開始塗上顏色之後，才來進行線條
修正，再重新塗上顏色時，通常會
覺得非常麻煩。所以要修正線條，
就應該趁現在來做。

10. 在此階段，預先完成
線條的修正。

⑥ 在打底用的圖層上著色

　將方才作為「背景」的圖畫，
設定成「圖層」，使用「乘法」模
式。這個圖層，就是本圖畫的
「主線圖層」。

　再做出另一張圖層，這個圖層
是用來著色的「打底用的用圖
層」。

11. 將「背景」改為「圖層」，再使用乘法模式。

　先暫時塗上顏色也無所謂，所
以可在「底色用圖層」的人物部
分著色。在「自動選取工具」
上，選擇「主線圖層」的著色部
分。
(在「自動選取工具」的情況下，
如果不勾選選項方塊中的「反鋸
齒狀效果(Anti-Alias)」，以後再
選取範圍時，可以選出與此完全
相同的範圍，非常方便。
反正線條被遮住，顏色與顏色的
交界就算髒污，也看不出來。)

12. 選取「主線圖層」的著色部分。

在Photoshop的「選取範圍→選取範圍的變更→選取範圍的擴大」的機能中，可擴大1～2Pixels左右的選取範圍，在「打底用的圖層」上著色。除了細微部分之外，此「選取範圍的擴大」可以方便全面地塗上顏色。

13.擴大1～2Pixels的選取範圍，在「打底用的圖層」上著色。

14.胸部完成了著色。

分別在整張圖畫上塗上顏色之後，就形成這種感覺。

15.與圖12～14相同，分別在整張圖畫上塗上顏色。

16.在整張圖畫上塗上顏色之後，就變成這個樣子了。

在「打底用的圖層」之下，如果預先製作Dummy圖層，就可以突顯出無法塗上顏色的細微部分。在這裡，我在Dummy圖層上，全部塗上藍色。線條與線條交叉的部分，很容易沒有塗上顏色。所以，這類的地方必須做重點式的檢查。

17. 找出沒有塗上顏色的部分。

18. 已經知道有些地方沒有塗上顏色。

細微的部分如果範圍相當大的話，就用「套索工具」一口氣圈起來，再用「鉛筆工具」全面塗上顏色。

19. 用鉛筆工具將沒有塗到的地方，全面塗上顏色。

20. 已經將沒有塗上顏色的地方，進行過修正的狀態。

21.加上一張「加工用圖層」，作為著色之用。

22.局部性地改變顏色，同時決定好
　　所要塗上的顏色。

24.將選取範圍儲存為「色頻
　　（ Channel ）」。

23.使用工作板代替沒有著色
　　的部分。

⑦ 決定顏色⋯

由於已經建構好基礎了，我就決定以淺色(明亮部分的顏色)做為基礎色。然後，先用「自動選取工具」將想要改變顏色的地方圈起來，自己塗上顏色，或用「影像→調整→色度/飽和度」來改變顏色。因為到了這個階段，還不是定稿的顏色，可以隨意地塗上自己所喜歡的顏色。(只要是用圖層來分色，隨時都可以變更顏色，我覺得這是CG的優點)。

在這裡為了在「打底用的圖層」上著色，還要加上「加工用的圖層」。

在這個圖層上不管是陰影或什麼，先厚厚的塗上一層再說。如果覺得有點失敗的話，不妨用「橡皮擦工具」擦掉。由於底色不會遭到破壞，所以畫起來應該很輕鬆。以非常好的心情將顏色塗上之後，就先將這個圖層存在一邊，以後只要在上面加上「加工用的圖層」即可。

⑧ 塗色

我已經按照自己的想法塗上了顏色，至於影子的描繪方法，請參考另外敘述的「難以置信的陰影講座」。

於是，就按照這種感覺將顏色塗上去。在這裡用工作板(Palette)來取代沒有塗上顏色的地方。(當然以後要擦掉)圖層用起來是非常方便，但如果機器設備的性能較差的話，迅速地增加圖層量，機器設備就會承受不了。

因此，為了不拼命增加圖層，可用「選取範圍→選取範圍的記錄」將各部分的選取範圍，儲存為「色頻(Channel)」，先做一張「著色圖層」來著色。(最低限度需要做的圖層有

「主線的圖層」、「著色圖層」、
「背景圖層」三張。)

25. 塗抹顏色是最輕鬆的作業。

● 將 兩 張 畫 像 在 視 窗 上 並 排
　　顯 示 ， 加 以 描 繪

　　我將兩張畫像在在視窗上並排顯
示，加以描繪。這兩張畫像，一張
是作為「觀看整體的畫像」之用，
另一張則是作為「塗色的部分」使
用。基本上，我是用「噴槍工具」
來著色，稍微細膩的地方，就用大
的筆刷一點一點地塗抹。衣服的皺
摺部分，則用較細的筆刷一點一點
地塗抹。

26. 左邊的視窗是「標示整體之用」，右邊的
　　視窗是「標示部分之用」。

27. 我基本上是使用「噴槍
　　工具」來塗色。

畫上眼珠子

　在適當的地方試著加上眼珠子，暫時增加「眼白用的圖層」和「眼珠子」用的圖層。(塗完顏色之後，與「著色用圖層」合併在一起也無所謂。)

　不管是眼白或眼珠子，在塗抹底色之後，都要勾選「透明部分的保護」。

28. 增加「眼白用的圖層」和
　　「眼珠子用的圖層」。

29. 眼珠子塗完顏色
　　之後的狀態。

　然後用噴槍塗抹眼白的陰影和眼珠子。

30. 用噴槍工具塗抹。

31. 使勁地描繪眼珠子。

　在大致塗上顏色之後，就能掌握住整個影像。所以，此時可以調整色調或改變顏色。

　由於已經將「打底用的圖層」，或各部分的選取範圍儲存為「色頻」。因此，可以從這裡叫出各部分的範圍，變更「著色圖層」各部分的顏色。

　可以一邊看著圖畫，一邊用「影像→調整→色度/飽和度」，換上自己所喜歡的顏色。

32. 由於已經大致塗完顏色，所以可以進行顏色的調查。

33. 叫出各部分的選取範圍，來變更顏色。

如果覺得色調太淡，或想要提高對比的話，可一邊用「影像→調整→色階」或「影像→調整→明度、對比」等來調整，一邊試著去改變顏色。

34. 這種著色的方式，可以使整個氣氛為之改變。

做過各種嚐試之後，我決定按照方才所塗上顏色的感覺來進行。

35. 這種著色的方式，給人「黑白」的感覺。

⑫ 使用紋理(Texture)

　　將「紋理(Texture)用的圖層」
疊在羽翼的部分上。可以事先準備
好適當的畫像，作為羽翼部分的紋
理(Texture)使用。

36.製作「紋理(Texture)用的圖層」。

37.在羽翼的部分上使用
　　紋理(Texture)。

　　將「紋理(Texture)用的圖層」
做為「淡化顏色」，再用「影像→
調整→色度/飽和度」等，就能與底
色融合在一起。

38.將「紋理(Texture)用的圖層」做為
　　「淡化顏色」。

39.將紋理(Texture)與
　　當時的顏色融合在
　　一起。

40. 羽翼的內側，也用同樣的方式來進行。

41. 左側的羽翼已經完成了。

42. 右側的羽翼用「乘法」的模式，疊上「紋理(Texture)用的圖層。

43. 右側的羽翼已經完成了。

這邊的羽翼顏色較淡，所以用「乘法」的模式，進行圖層的重疊，來調整色調。(我每張畫都有不同的調整方法，各位不妨也試試用各種方法進行圖層的重疊，或顏色的調整看看。)

從影像下拉式選單中叫出「旋轉版面→垂直翻轉」(19)。

接下來，對剛剛用「乘法」的模式重疊起來的圖層進行加工。用「選取範圍→選取全部」，選取整個「主線圖層」，再進行「編輯→複製」。

44. 選取「主線圖層」所有的色頻。

然後，重新建立色頻（Channel），用「貼上」的方式將已經儲存的主線，貼在重新建立的色頻（Channel）上。接著，用「影像→調整→階調的翻轉」，使其翻轉過來。因此，主線的黑色部分，隨時都可以選取出來。

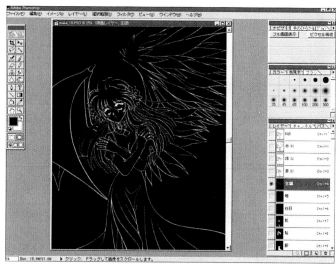

45. 將主線貼在重新建立的色頻（Channel）上。

在「主線的圖層」上，選擇主線的選取範圍。再使其翻轉，將白色的部分「剪下」。黑線以外的部分因而呈現透明，所以圖層的重疊方式由「乘法」轉為「正常」的模式。

46. 在「主線的圖層」上選擇主線之後，使其翻轉，再將白色的部分剪下。

岩崎貓

因此，主線部分就可以著色了。

47. 主線部分可以著色了。

不過，由於消去的時候，線條會變淡。所以，應將選取範圍翻轉過來，再塗上黑色或其他適當的顏色。

48. 選取顏色變淡的主線，全面塗上適當的顏色。

49. 主線的顏色已經加深了。

75

在圖層選項中，勾選「透明部分的保護」之後，再在主線上著色。

50. 在「主線圖層」的選項中，勾選「透明部分的保護」。

51. 塗上顏色，使主線與周圍氣氛融合在一起。

⑭ 與背景圖案合併

從作畫資料中，取出另外製好的背景圖案。

52. 預先製好背景圖案。

53. 僅單純地與背景合併即可。

配合所畫的人物，調整背景
圖案的色調。

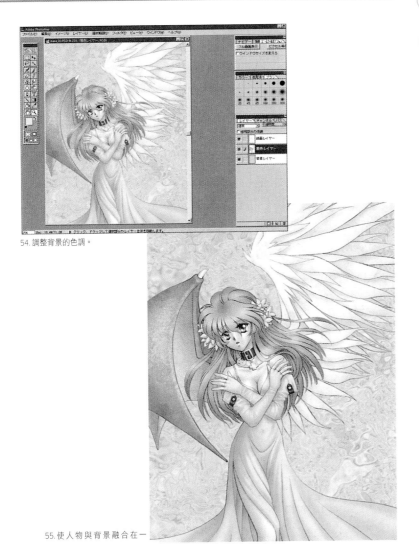

54. 調整背景的色調。

55. 使人物與背景融合在一

56. 將標識填入圖畫中。在新的色頻上，設計標識用的文字。

加上標識

在圖畫中加上標識。如果覺
得電腦繪圖純粹是自己的興
趣，可以不加上標識。

雖然我老是對人說：「在自
己所繪製的圖畫上簽名，總會
覺得心情非常愉快，不是嗎？」
可是，當自己要這麼做時，還
是覺得有些惶恐，所以就拼錯
了自己的名字(笑)。

在色頻上設計文字。

做出標識用的圖層，用「選取範
圍的選擇」加入方才設計的標識。
這裡的顏色為黑色，圖層的重疊方
式是「焦黑顏色」。

57. 做出標識用的圖層。

58. 試著將標識曬印上去。

⑯ 最後加工

在完成之前，不妨做一些潤色。
這次，增加「淡化圖層」，用「噴
槍工具」加上白色的光芒。這樣，
就宣告完成。

59. 在「淡化圖層」上，加上白色的光芒。

Fallen Angel 2

(C)1998 Reeko Iwasaaki http://www.246.ne.jp/~reiko-h/

61.畫像稍微縮小時,細微部分的粗糙感,就會比較不明顯。

61.畫像稍微縮小時,細微部分的粗糙感,就會比較不明顯。

最後,將畫像縮小。用「影像→畫像解像度」,調整出適當的大小。(這樣做之後,畫面會顯得比較不粗糙。)

達到自己所能容許的範圍時,差不多就算是完成了。畫畫這種東西,是想要畫時,就會沒完沒了。有部分的人能夠畫出自己覺得滿意的圖畫,而像我這種對自己的作品很難覺得滿意的人,除了多畫幾張之外,別無其他辦法。必須一張一張,一點一點地描出自己可以接受的畫。

我覺得最重要的是,自己必須畫得非常愉快。
首先,以輕鬆愉快的心情畫第一張。

"難以置信的陰影講座" 開鑼了！

這是淺顯易懂的 "難以置信的陰影講座" (不過，無法百分之百的相信。)

1. 如果認為光線是從左上方照射下來的話，大致就不會有什麼問題。

2. 光線照射得到的相反一面會有陰影。

SIDE VIEW

3. 曲面上的光線和陰影的交界不明顯，所以應適當地進行暈映（就是使顏色濃淡界限模糊不清）。如果是曲面的話，顏色模糊的程度稍微加大，感覺會比較好。

4. 畫出賽璐珞畫風格時，即使沒有進行暈映也無所謂（或者也可以只在曲面的重點上進行暈映），所以畫起來會比較輕鬆。

5. 如果畫出賽璐珞畫風格時，還要將重點擺在基礎色與陰影色之間的陰影顏色上。

即使是有些令人難以置信的陰影，卻很少人能夠發覺到。
各位不妨適當地加以描繪吧！

最重要的是，自己必須「畫得非常愉快」。

G·A·L·L·E·R·Y

たとえ、<u>堕ちても</u>、
この一瞬だけは…

Fallen
Angel

©1997 Reeko Iwasaki

"Maid" tte nanda rou
Minna gokai shiteiru
youna ki ga shimasu
Konna E wo kaite iu
nomo nandesu ga…

"Slave"?

MAID de GO!

© Reeko Iwasaki
NECOHI: http://www.246.ne.jp/~reiko-h/

* M I R I N *

Poprat World

ご挨拶っ

猫秘一同。

猫秘のゆかいな仲間たち

(C)1998 REEKO IWASAKI

朝妻天　Windows / Photoshop, Illustrator

朝妻天小姐用影像處理軟體的特效(Filter)和合成效果等方式，向我們介紹有關他自己的 CG 製作課程。感覺不錯的排印技巧，也是其特徵。(伊藤明)

自畫像

【筆名】
朝妻天

「天」是以前的筆名中的一個字。「朝妻」是我從前上班時那家公司的客戶中一位常務董事的姓氏，朝妻常務董事是位非常時髦的大叔。

【棲息地】
北海道帶廣市。

【性別】
雌。好像常常被人弄錯性別。

【出生日期】
昭和49年5月20日。

● 使用的機器和材料 ●

【個人電腦本體】
富士通DESKPOWER S 165
機器性能稍差。

【安裝的CPU】
Pentium 166

【安裝的記憶體】
128MB(32M×T4 EDO-SIMM)。

【顯示器】
15吋。

【使用解析度】
800×T600 32 bitcolor

● 周邊機器 ●

印表機　EPSON MJ-510C
掃描器　CANON CANOSCAN
FB310
圖形輸入板　WACOM ArtPadII
ISDN　INT-64E (內裝DSU)

● 使用的軟體 ●

以Photoshop 為主，也稍微用到Illustrator和Painter。
在web上也玩Flash等。

【喜歡的作家】
WATASESEIZOU、KOUNO史代、KOIZUMIMALI。

1INCH/朝妻天
http://www.w-w.ne.jp/~1inch/

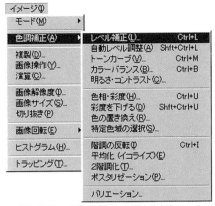

1. 選取「色階」，從掃描至電腦內的畫稿取出主線。

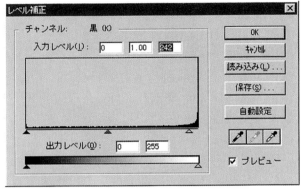

2. 一邊看預覽，一邊調整輸入色階的Slider。

① 描繪人物

　我首先用 Window 95 / Photoshop 4.0J，按照平常的方式著色。我想，大概有不少人使用新的5.0J，用5.0J應該也可以進行繪圖作業。

★ 將畫稿掃描進去

　將畫在紙上的畫稿，用掃描器掃入電腦。我這次是用300dpi灰色階掃描，由於做的是印刷用的作品，所以打從一開始就用CMYK (青、紫紅、黃和黑色四個色頻)來顯示畫像的色彩。要是作品是作為Web之用時，就用RGB (紅藍線三原色)來顯示畫像的色彩。

　在這種狀態之下，畫面上就會出現雜點或什麼的？所以，必須從影像下拉式選單上開出「調整→色階」，稍微降低輸入色階的白色△值。這次就用畫像中的數值(1、2、3)。

3.可使掃描進來時的
　雜點，在某種程度
　之內變得漂亮。

★ 將線條畫貼至另一個圖層上

選取整個畫面(ctrl+A)，剪下(ctrl+X)，重新製作與此相同尺寸的畫像(ctrl+N)。不過，在內容(Content)的核對方塊上選取「透明」這一項(4)。

建立新的色頻(Channel)，將方才剪下的圖畫，貼在新的色頻上(ctrl+V)(5)。

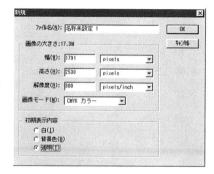

4. 將整個畫面剪下之後，就建立新的畫面。在內容(Content)的核對方塊上選取「透明」這一項。

5. 建立新的色頻(Channel)，將方才剪下的圖畫貼上去。

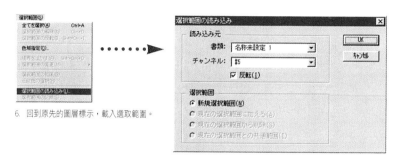

6. 回到原先的圖層標示，載入選取範圍。

回到原先的圖層標示，從選取範圍的下拉式選單中，勾選「載入選擇」。在這裡指定方才建立的色頻(#5)，接著在底下的核對方塊上勾選「翻轉」。這樣，就可以只選取主線。接著，設定想要作為主線的顏色，用塗抹工具全面地塗上顏色(6)。

於是，可以在背景為透明的狀態之下塗上顏色(7)。

7. 將想要作為主線的顏色，全面地塗抹在載入的選取範圍上。這樣，就完成了主線的圖層。

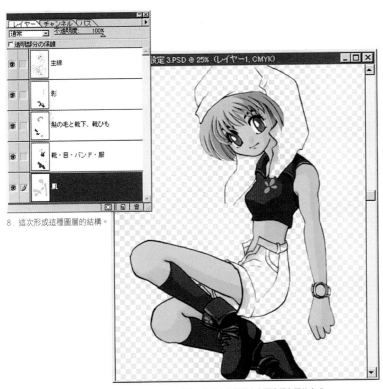

8. 這次形成這種圖層的結構。

9. 肌膚的顏色溢了出來，但待會兒就要在上面進行衣服的合成。

10.從自己建立的「素材集」，選出「牛仔布質地」的素材。

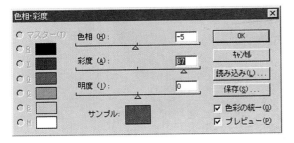

11.用「色度/飽和度」改變牛仔布質地的顏色。

★ 在畫中人物上著色

接著，在畫中人物上著色。只要看了圖層方塊即可瞭解，這次是將所有的陰影做在一個圖層上。陰影的部分塗上比周圍還要深的顏色(因為是陰影嘛！)，將圖層的不透明度降為67％。雖然肌膚部分的著色會溢出來，但待會兒要與衣服的部分進行合成，就會將溢出來的部分遮蓋住。所以，不會有什麼問題的(8、9)。

★ 利用現有的素材與加工

進行帽子與短褲的照片合成。我從自己建立的電腦圖書館中，拉出牛仔布質地的素材。雖然稱為「圖書館」，但其實不過是我平常用掃描器，將各式各樣的東西掃入電腦而成的。有需要時，各位也不妨用掃描器將牛仔褲等素材，載入電腦內看看(10)。

我將牛仔布的素材質地，改為自己所喜歡的顏色。叫出影像下拉式選單的「調整→色相與彩度」之後，選取色彩統一的核對方塊。這次的設定，如圖所示(11)。

將素材裁成適當的形狀，貼在帽子與短褲的地方。此時，不必沿著主線緊緊地貼合，只要大略地貼一下即可。

★ 使素材具有立體感的合成效果

為了讓牛仔布質地沿著臀部，形成凹凸的表面，必須從檔案下拉式選單上，叫出「扭曲→球體化」，設定為如圖所示(12)。

沿著球面移動畫像，再順著主線擦掉不需要的部分。這樣，就能形成微妙的凹凸表面(13)。

讀者不妨按照自己所喜歡的那樣，將球體化特效的數值提高看看。

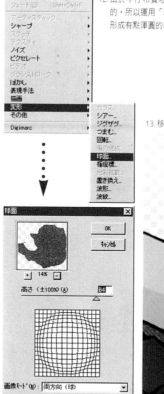

12. 由於牛仔布質地是以平面的方式貼上去的，所以運用「球體化」特效，沿著臀部形成有點渾圓的表面。

13. 移動畫像，將渾圓的牛仔布質地擺在適當的位置上。

★ 添加陰影

和其他的陰影相同，褲子的陰影部分也要加上陰影用的圖層。光澤的部分則使用淡化工具來調亮(14、15)。

14. 用淡化工具加上光澤的部分。

15. 帽子也用同樣的步驟來著色，陰影的部分則加上陰影用的圖層。

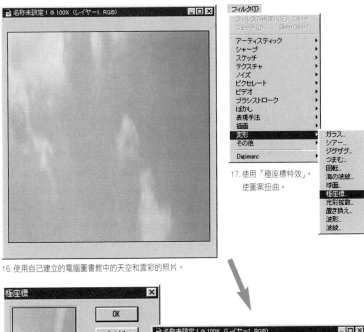

16. 使用自己建立的電腦圖書館中的天空和雲彩的照片。

17. 使用「極座標特效」，使圖案扭曲。

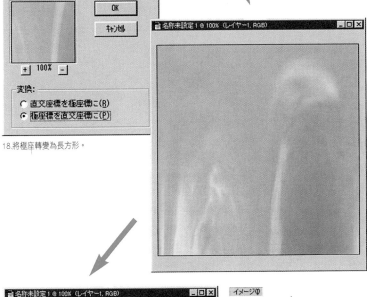

18. 將極座標轉變為長方形。

★ 用天空的素材做成球形圖案

接著，做出具有光澤的球體，用來做為帽子的前緣和腕套。

從自己建立的電腦圖書館中，取出天空和雲彩的照片。為了做出圓形，應使用縱橫向的像素相同的正方形圖案(16)。

從特效下拉式選單中叫出「扭曲→極座標」，選取「極座至長方形」的核對方塊(17、18)。

從影像下拉式選單中叫出「旋轉版面→垂直翻轉」(19)。

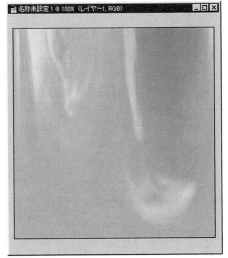

19. 選取「旋轉版面」，使圖案上下翻轉。

再一次從特效下拉式選單中叫出「極座標」，這一次選取「長方形至極座」的核對方塊(20、21)。

這樣，就完成了稍微圓形的圖案。接著，按下橢圓形選取工具，然後從選擇下拉式選單中，選取「對調」。之後，按下「清除(Delete)」鍵，剪下不需要的部分後，再取消選擇(22、23、24)。

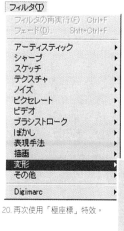

20. 再次使用「極座標」特效。

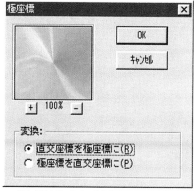

21. 選取「長方形至極座」的核對方塊。

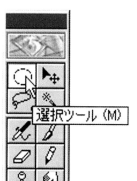

22. 按下橢圓形選取工具。

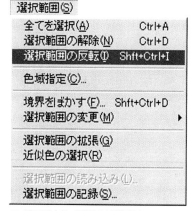

23. 選取圓形之後，將選取範圍對調過來。

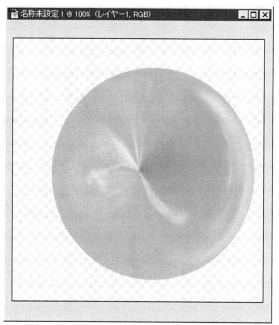

24. 按下清除(Delete)鍵，清除圓形圖案的周圍部分。

★ 使圓形圖案看起來像似個球體

接著，進行加工作業，使圓形圖案看起來像似個球體。

首先，從影像下拉式選單中叫出「調整→曲線」，稍微改變一下曲線(25、26)。

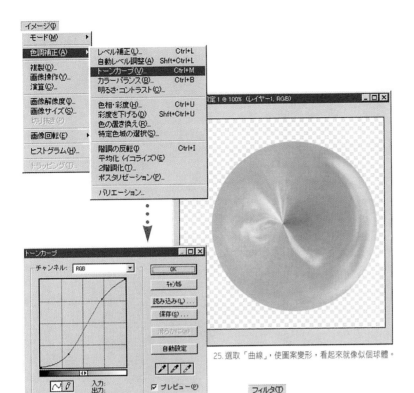

25. 選取「曲線」，使圖案變形，看起來就像似個球體。

26. 曲線如圖所示。

另外，也從特效下拉式選單中，選取「扭曲→球體化」來使用特效(27、28、29)。

27. 使用球體化特效。

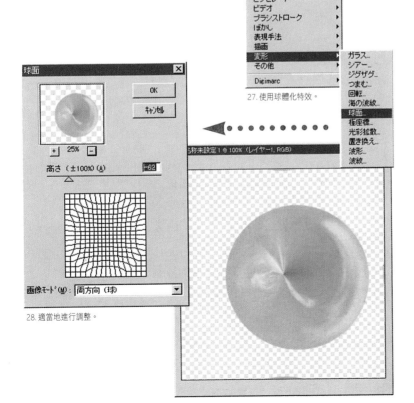

28. 適當地進行調整。

將球體複製下來，然後貼於人物圖像的檔案上(31)。

從圖層下拉式選單中，選取「扭曲→擴大/縮小」，將球體合成為腕套的部分(30)。

30.將做好的球體縮小。

31.將做好的球體均衡地貼上去。

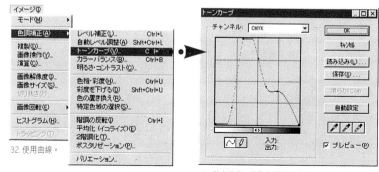

★ 改變球體的顏色

改變球體的顏色。方法是從影像下拉式選單中，選取「調整→曲線」，做出如圖所示的曲線，並且改變球體的顏色(32、33)。

32.使用曲線。

33. 做出曲線，作為上述步驟之用。

另外，再從特效下拉式選單中，選取「上底色→光亮效果」加上陰影(34、35、36)。

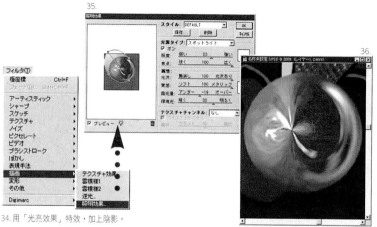

35.

36.

34.用「光亮效果」特效，加上陰影。

如果想要修飾球體的邊緣，可以用「模糊工具」，使球體的邊緣呈現模糊狀。

(37、38)。

37.

38. 由於球體的邊緣太過明顯，所以我試著用「模糊工具」，使球體的邊緣呈現模糊狀。

★ 做出閃電效果

　　在球體上做出閃電效果。方法是先做出新的畫像，使其「前景的顏色為黑色，背景的顏色為白色」。在此狀態之下，從特效下拉式選單中，選取「雲朵」、「差異雲朵」，各製作出一張雲彩的影像(39、40、41、42)。

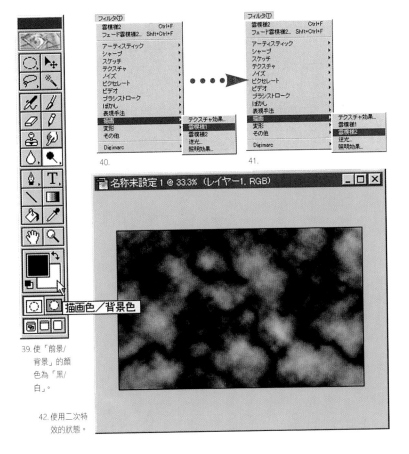

40.

41.

39. 使「前景/背景」的顏色為「黑/白」。

42. 使用二次特效的狀態。

從影像下拉式選單中,叫出「調整→臨界值」,如果將圖表下的△向左拖曳,幾乎所有灰色部分都會變成白色(43、44、45)。

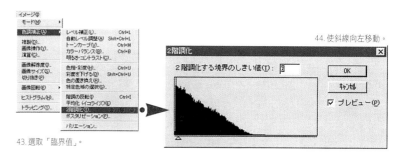

44.使斜線向左移動。

43.選取「臨界值」。

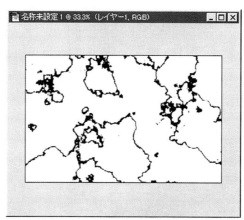

45.浮出類似閃電般,非常漂亮的形狀。

選取影像下拉式選單中的「調整」,執行反轉(46)。

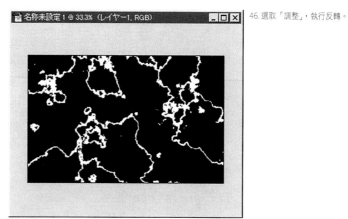

46.選取「調整」,執行反轉。

★ **進行閃電效果的合成**

在人物畫像檔案中建立新的色頻(48)。

接著,用套索工具從方才做出來的閃電效果中,選取適當的範圍貼在新的色頻上,刪除不需要的部分(47)。

47.裁下適當的「閃電」形狀,貼在新的色頻上。

48.建立新的色頻。

以深綠色作為前景的顏色，從選擇下拉式選單中選取「載入選擇」，將方才建立的色頻載入(49、50)。

50. 選取深綠色。

51.完成之後的閃電效果。

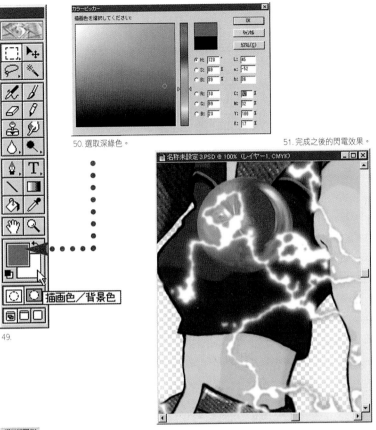

從選擇下拉式選單中選取「載入選擇」(52、53)。

選取「羽狀」功能，在載入的範圍上產生8像素的羽狀效果(54、55)。

在這種狀態之下，使用填滿工具，全面塗上前景的顏色(56、57)。

接著，再做出稍微明亮的顏色，重覆同樣的步驟。此時，「羽狀」值為4像素。

最後，以白色作為前景的顏色，再進行同樣的步驟。這次的「羽狀」值為2像素。

49.

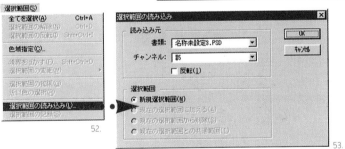

52.

53.

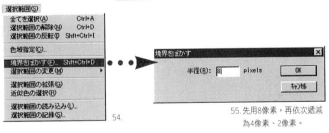

54.

55.先用8像素，再依次遞減為4像素、2像素。

56.

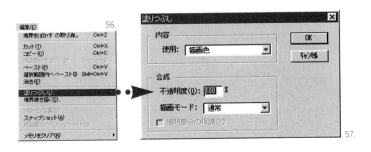

57.

按照上述的步驟即完成了人物圖像的著色(58)。在此階段中，是否要合併人物圖像方面的圖層，並不無所謂。可是，希望讀者不要預先合併閃電效果的圖層。可在背景完成之後，改變顏色或進行加工。

58.已經完成人物圖像。

② 使用用Illustrator製作的素材

★製作手錶的文字盤

預先使用Illustrator這套軟體，用沿著路徑將藍本輸入的方法，製作如圖所示的圖案。這是作為背景之用的手錶零件(59、60)。

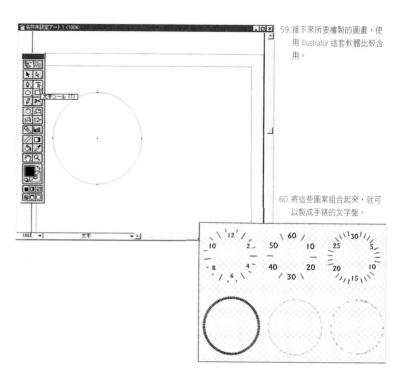

59.接下來所要繪製的圖畫，使用 Illustrator 這套軟體比較合用。

60.將這些圖案組合起來，就可以製成手錶的文字盤。

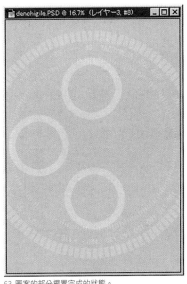

63.圖案的部分擺置完成的狀態。

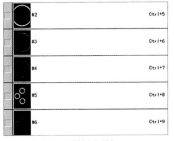

61.製作背景用的新圖案。

62.將圖案的部分擺置於各色頻上。

★ 貼在新建立的色頻上

製作灰階、250dpi、背景透明、18.2 cm　25.7 cm的新圖案(61)。

此尺寸是這次原稿的尺寸。為這個圖案建立新的色頻,將已經製作完成的文字盤部分,擺置成如圖所示(62、63)。

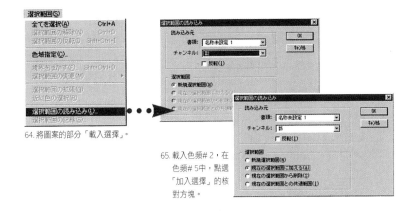

64.將圖案的部分「載入選擇」。

65.載入色頻#2,在色頻#5中,點選「加入選擇」的核對方塊。

★ 在色頻上選取範圍

從「載入選擇」,將色頻# 2和# 5載入。在色頻# 5中,點選「加入選擇」的核對方塊(64、65、66)。

66.在選取範圍上產生羽狀效果。

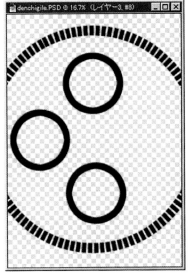

67.在選取範圍上,全面塗上黑色。

從選擇下拉式選單中,選取「羽狀」,在方才的選取範圍上產生4像素的羽狀效果(66)。

選取編輯下拉式選單中的「填滿」,如圖所示,全面塗上黑色(67)。

勾選「取消選擇」,以解除選擇功能。

★ 使文字盤呈現立體感

從特效下拉式選單中，選取「風格化→加浮雕效果」，進行如圖所示的設定(68、69)。

於是，整個文字盤就略帶灰色。接著，從影像下拉式選單中，選取調整→色階，使灰色加深(70、71)。

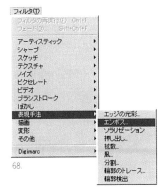

68.

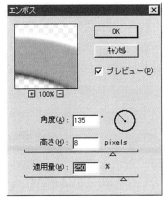

69.設定為上述的情況。

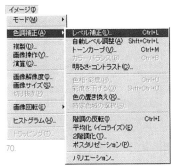

70.

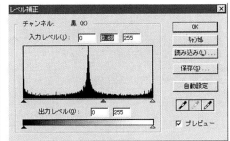

71.執行「色階」指令，使灰色加深。

如圖所示，將前景色設定為灰色(72)。

叫出「載入選擇」的色頻# 2和# 5，選取「對調」，使選取的範圍對調過來(73、74)。

從編輯下拉式選單中，選取「填滿」，將周圍部分全面塗上顏色(75、76、77)。

勾選「取消選擇」，以解除選擇功能。

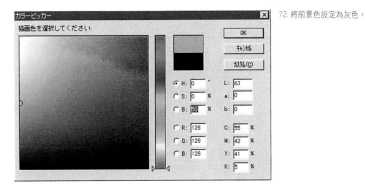

72.將前景色設定為灰色。

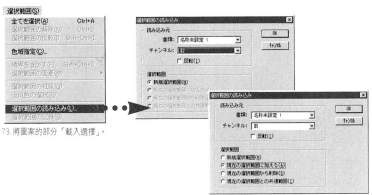

73.將圖案的部分「載入選擇」。

74.載入色頻# 2，接著在色頻# 5中，點選「加入選擇」的核對方塊。

98

75.

76.

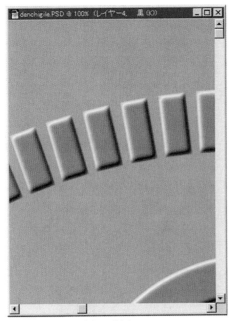

77. 在圖案部分的周圍塗上單一的灰色。

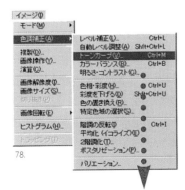

78.

★使文字盤產生好像是金屬製的感覺

從影像下拉式選單中，選取「調整→曲線」，畫出如圖所示的曲線。於是，就產生了好像是金屬製的感覺(78、79、80)。

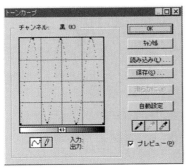

79. 扭曲成這種形狀。

80. 產生出好像是金屬製的感覺。

★做出銀色的錶框和錶針

再載入一次色頻# 2和色頻# 5，接著從選擇下拉式選單中，選取「修改→收縮」，將選取範圍縮小1像素(81、82)。

然後，將選取範圍翻轉，用Delete鍵刪去不需要的部分(83)。

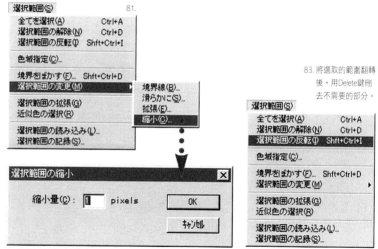

81.

83.將選取的範圍翻轉後，用Delete鍵刪去不需要的部分。

82.將選取範圍縮小1像素。

選取影像下拉式選單中的「模式→印刷四色」(84)。

按照同樣的步驟，在另一個檔案中做出錶針的圖案等(85)。

84.轉換為「印刷四色」。

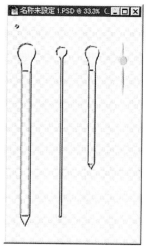

85.按照同樣的步驟做出錶針的圖案。

★組合背景圖案

先將背景塗上自己所喜歡的顏色，然後在先前擺置於色頻上的手錶內部圖案上著色(86)。

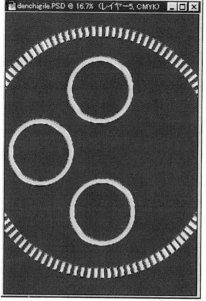

86.將背景塗上自己所喜歡的顏色。

90. 只有錶針的顏色使用暖色系。

87.

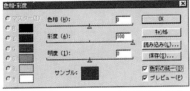

88. 改變錶針的顏色。

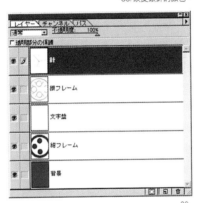

89.

最後，將方才在另一個檔案中製作的錶針，擺置於最上方的圖層上。從影像下拉式選單中，選取「調整→色度/飽和度」，改變錶針的顏色（87、88、89、90）。

在色彩的配置上，這次用同色系將顏色統一起來看看。不過，由於只用同色系，會產生冷冰冰的感覺。所以，錶針的顏色必須使用暖色系。光是只有一個地方顏色不同，畫面看起來就會有緊湊感。

另外，因為人物畫像用很多紅色系的顏色，所以背景最好不要使用紅色系的顏色。

92. 將人物畫像置於上面。

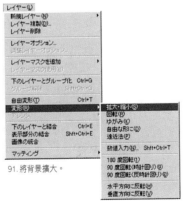

91. 將背景擴大。

★ 與人物畫像合成在一起

將圖層合併起來，選取圖層下拉式選單中的「扭曲→擴大縮小」，將手錶圖案擴大。不過，必須考慮到與人物畫像合成時的平衡（91、92）。

在這裡，將方才繪製完成的人物畫像與閃電效果的圖層，合成在一起。從圖層下拉式選單中，選取「扭曲→旋轉」，稍微形成一點角度(93、94)。

94.使人物畫像稍微旋轉。

93.使背部稍微傾斜。

★ 調整閃電效果

稍微進行閃電效果的加工。方法是，從影像下拉式選單中，選取「調整→曲線」，接著如圖所示，描畫出曲線(95、96)。

95.

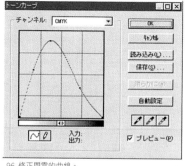

96.修正閃電的曲線。

再來從特效下拉式選單中，選取「模糊→高斯模糊」，使影像產生模糊狀(97、98)。

以Hardlight作為圖層模式。

97.使用模糊的特效。

98.將模糊的半徑指定為1像素。

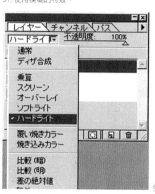

99.以Hardlight作為圖層模式。

完成！！

00.完成～。

畫像於焉完成 (100)。

　畢竟我是自己學習photoshop的，採用的方法可能稍嫌囉唆。如果讀者有更簡單的方法，不妨按照自己的方法去做。

　在繪製畫像上，我最在意的就是配色的平衡問題。用相同的色相來做整體的統一，的確簡單而輕鬆。可是，我倒是覺得既然要塗上色彩，當然最好是使用各種顏色來著色。為了不使彩度參差不齊，我試著塗上各種顏色。

　另外，在版面的配置方法上，我通常用三角形將重點的地方連結起來(101)。

　自從我看過幾本書以後，就一直採用這種版面的配置方法，據說三角形的配置方法，是屬於排印的技巧。我在不知不覺中運用了這個技巧，連我自己都嚇一跳。

　我覺得用這種版面的配置方法，比較有穩定感。讀者不妨嚐試使用看看。

101.用三角形的配置方法，可以產生穩定感。

photo : Tomoyuki.Uchida
http://www.yun.co.jp/~tomo/photo.html

柘榴

Girls' high school student

y

BONDAGE

OXHIDE NAMEL

HIGHHEEL ANGEL

To_Aki I-to

麻紗 Windows / Photoshop, Painter

麻紗小姐在玩電腦遊戲軟體或看漫畫之際，如果讓她看到覺得感動的圖畫時，她就會有一股衝動，想要製作成CG。接下來，就由麻紗小姐為我們解說她自己的作品的畫法。(伊藤明)

自畫像

【筆名】
麻紗
取自本名的一部分。不知從什麼時候起，就固定使用這個筆名了。

【出生日期】
19○○年9月10日。

【棲息地】
北海道帶廣市。

【性別】
雌。好像常常被人弄錯性別。

【出生日期】
昭和49年5月20日。

● 使用的機器和材料 ●

【個人電腦本體】
【喜歡的作家】
WATASESEIZOU、KOUNO史代、KOIZUMIMALI。
NEC PC─98.21V13
三年前購買的，當時是性能最佳的機種。

【安裝的CPU】
233Mhz PK-MII300
運作不穩定。

【安裝的記憶體】
48MB(16+32)
用來畫CG，跑得非常慢。

【HDD結構】
內裝1.2GB
容量有點不夠，你有什麼好辦法？

【顯示器】
15吋。
我喜歡小型機種，因為顯示器太大的話，小點就會非常明顯。
使用的解析度為800　600(16bit)。
顯示圖形用積體電路板(graphic board)屬於早期的產品，再提高的話，就是256色。

【OS】
Windows 98
老是出毛病。

● 周邊機器 ●

WACOM ArtPadII
借來的。

● 使用的軟體 ●

adobe photoshop 4.01J
Painter5.0j。

風の森工房/マサ
http://user.shikoku.ne.jp/hmx12mlt/

1 畫稿

　　我是用圖形輸入板直接畫上去的，所以不知道能不能算是畫稿？事實上，我並沒有掃描器(笑)。啊！不談這些了……。

1．一邊看著顯示器，一邊描繪，習慣之後就不會覺得有多辛苦了。不過，我還是希望有一台掃描器……。

2 做出主線圖層

　　畫好底稿之後，就分為「背景」和「主線圖層」。由於直接著色的話，主線就會消失不見。因此，我按照下述的步驟，只將線條畫的黑色部分，取出作為圖層(1～4)。雖然這是基本做法，但暫時不能不這麼做……(笑)。

　　以後在著色時，這張「主線圖層」必須經常擺在最上面。

2．先從「影像」下拉式選單中，選取「運算」。

3．「影像來源」的色頻為灰色，勾選「反轉」的核對方塊。接著，「前景」選取「正常」，按下「確定」按鈕。

3

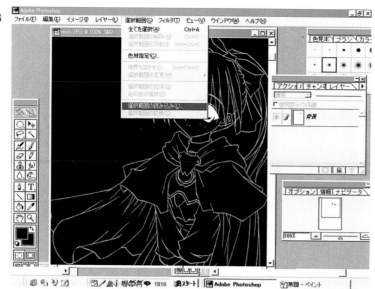

4

▲ 最後，將「背景」全面塗上白色，成為這張圖。

完成只有主線的圖層。

③ 在臉部和手上塗色

　　先塗上肌膚部分的顏色。由於衣服、頭髮、服飾配件等，是疊在肌膚上。所以，肌膚是最下面的部分。

1. 粗略地塗上顏色。

2. 配合輪廓，整理溢出的部分。頭髮稍微溢出來，並沒有關係。反正還要在上面建立圖層，在頭髮的部分著色，到時候可以巧妙地加以掩飾。

3. 在圖層上施以透明部分的保護，塗上陰影的部分。此處的陰影方向塗起來不會很困難，我就「刷刷」地塗上顏色。

4. 接著，在陰影的部分上著色。

5. 最後，選擇白色的淡化顏色，用噴槍工具在臉部加上強光效果。這樣，就宣告完成。

④ 眼睛的畫法

眼睛的部分按照下述步驟來描繪。

6. 肌膚塗完顏色的狀態。

1. 將主線圖層擺在上面，塗上適當的顏色。粗略地著色，只要不從主線圖層溢出來，就沒有關係。

2. 接著，選擇比這個顏色更深的顏色，在眼中畫出黑色的部分。此時，在眼睛的圖層上，必須勾選「透明部分的保護」的核對方塊。

3. 用橡皮擦工具將眼睛發亮部分的黑色擦掉。如果圖層施以透明部分的保護時，必須暫時不勾選「透明部分的保護」的核對方塊。

4. 用手指工具擦眼睛內的深色部分與淺色部分的交界面，使其稍微模糊起來。

5. 用噴槍工具選擇淡化顏色，塗上白色。必須注意的是，如果塗太多的話，整個眼珠子就會變成白色。

6. 先用「影像→調整→降低色度」來降低色度，再來選取「影像→調整→顏色平衡」，調整為自己所喜歡的顏色。這樣，眼睛的部分就宣告完成。

⑤ 塗上頭髮

接著是塗上頭髮。步驟和「在肌膚上塗顏色」一樣，從淺色的地方塗起。

頭髮的顏色塗完之後，再選取「影像」下拉式選單中的「調整」，勾選「調整」上的「顏色平衡」或「亮度/對比」。僅僅將頭髮的顏色稍微改變一下，全體的印象就會隨之改變。所以，塗上顏色時，必須小心一點。

需要注意的地方是，頭髮最好要給人纖細的印象。因此，不要畫得太亮。不過，這也要根據每個人的繪畫風格而定。

1. 全面塗上基礎色，如果溢出來的話，就用橡皮擦工具擦掉。著色時，盡可能畫得整齊一點。

2. 建立新的圖層，塗上頭髮的陰影部分。按照「粗略地著色」→「用橡皮擦工具擦掉」的步驟來著色。

3. 只畫陰影時，就是這種感覺。

4. 用與明亮部分的著色方法相同的要領，在深色部分上著色。

5. 用噴槍工具選取淡化顏色，用白色稍微塗抹頭髮的光澤部分。

6. 接著，再大筆地塗上光澤的部分。

▲ 頭髮的光澤是嘗試用所謂的「天使的光環」來製成的。

7. 最後，選取「調整」，取得顏色的平衡，
就宣告完成。

▲ 光澤的程度很難掌握。

▲ 頭髮加入光亮效果
前的狀態。

▲ 加入光亮效果之後，
完成的影像整個亮麗
起來。

⑥ 在披風上著色

衣服或布料的質感很難掌握。光是這麼說，還是無法加以形容，要著上什麼顏色全憑感覺，我的描繪方法如下：

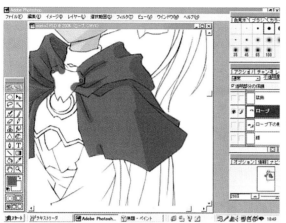

▲ 先塗上最明亮的顏色，再粗略地加上陰影。

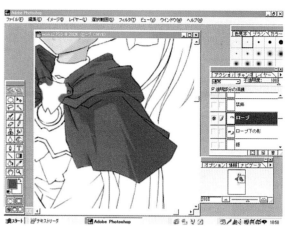

▲ 接著，在整理陰影的部分之後，用「手指工具」磨擦適當的地方。

最後，塗上陰影最深的部分 ▶

從肩膀的部分開始塗起。

塗完所有的披風部分。

⑦　裝飾品的光澤

我經常使用的是噴槍的效果。頭髮上最明亮的部分，也是使用噴槍製作出來的效果。

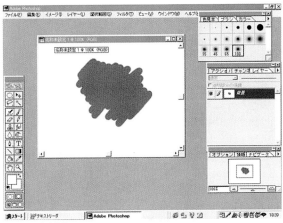
▲ 全面塗抹的狀態。

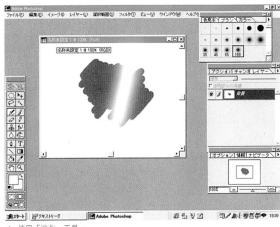
▲ 使用「淡化」工具。

選擇噴槍工具，按滑鼠的右鍵或在選項中選取「淡化顏色」，可獲得如圖所示的效果。

必須注意的地方是，淡化顏色會使透明的部分變黑。因此，一定要在該圖層上勾選「透明部分的保護」這個核對方塊。下面是使用上述效果的例子。這裡，我以披風的別扣為例來說明。

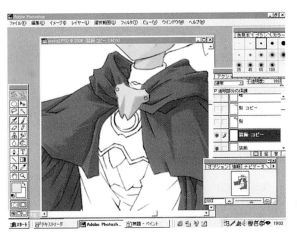
▲ 別扣的部分另外著色。

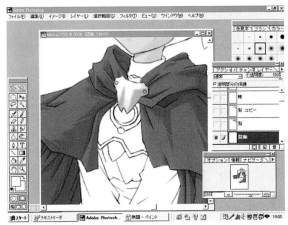
▲ 使用「淡化」工具，在想要使其發亮的部分上著色。

別扣產生出光澤。

8 在衣服的部分上著色

在衣服的部分上塗上白色。步驟與披風的說明相同。

1. 決定好衣服的顏色,試著用適當的顏色塗抹看看。必須想到光源的方向,預先要有在什麼地方塗上陰影的概念。

2. 用橡皮擦工具擦掉準備用來作為發亮部分上的顏色。情況還不錯!陰影像圖上這個樣子,大概就差不多了。

3. 在上面建立新的圖層,塗上陰影的部分。

4. 接著,用橡皮擦工具擦掉不需要的部分。這樣,就宣告完成。要是覺得顏色不滿意的話,可以從影像下拉式選單中選取「調整」來修正。

在衣服的部分上塗上白色。

完成只有主線的圖層。

用藍色色系塗上陰影。

9 完成著色

這次，我覺得沒有背景比較好，所以背景的顏色為白色。我在腳下加上陰影，描繪出光線照射人物周圍的情景。這裡，用噴槍稍微塗上白色。不過，非常輕。

▲ 完成所有部分的著色之後，姑且將人物的圖層進行連結合併。

人物畫像完成。

在腳下加上陰影，在周圍加上光線。背景就用白色。

在塗好背景和陰影的顏色之後，即可加上文字。我加入一些自己覺得挺合適的英語，不過文法可能不對(爆笑)。哎呀！請不要過分挑剔哦(笑)！

這樣，差不多就完成了。

【使用的器材】
這次是：
adobe photoshop 4.0j(主要是用來著色)。
Painter5(底稿用)。
Adobe illustrator 7.0j(只用來加入文字(笑))。
WACOM atrpadll
圖形輸入板(全程使用)。
正如各位所見，就算沒有特別使用Illustrator，還是能製作出電腦圖像來。

*The word which was not able to finish being told at that time
with the sound of this holy bell
I want to tell to you quietly・・・*

G·A·L·L·E·R·Y

run

Wind Forest
『ねえねえ、また来てくれる？』

forest-a

miko

masbojyo

sun-shain

moon

島田朝臣 Windows / Photoshop

我曾經拜託過島田朝臣先生，「無論如何為我畫幾張可愛的女孩子。」在我收到原稿之後，島田先生講了一堆話，好像是在表演相聲。你能理解島田先生在作畫時的思考過程嗎？(伊藤明)

自畫像

【筆名】
島田朝臣。
朝臣是古代的階級稱號，相當於第二位。
到了平安時代，被視為是第五位以上的稱號。即所謂的「君」。

【本名】
秘密。

【出生日期】
1974年5月30日。

【住址】
埼玉縣北葛飾郡

● 使用的器材 ●

【主要的機器】
自己組裝的AT互換機。
· CPU
Intel PentiumII 300Mhz (超頻為450Mhz)
· 主機板
Asus Tek P2B-S
內裝U2SCSI。
· 記憶體
512MB
· HDD
(只有)2.1GB+3.2GB+4.8GB
· 圖形介面卡
Matrox MiooeniumII 16MB

【OS】
Windows 95 OSR2
Linux 2.0.36(平成11年1月3日)

【顯示器】
15吋。
附屬於以前所使用的IBM Aptiva上的顯示器(17吋)，非常想再換一台。

【使用的解析度】
1024 768(24bit高彩)。

● 周邊機器 ●

【掃描器】
EPSON GT-8500(附有HEIDELBERG Sticker)

【印表機】
FujiXerox LaserWind 1040WII
　　前些時候，在店員搞錯售價的情況下，我立即購買下來的。
ALPS MD-1300
　　維護費貴得離譜，讓我覺得好像把靈魂賣給了惡魔。現在每天都想換一台
MD-5000。

【MO】
Logitec LMO-P230H

【圖形輸入板】
WACOM ArtPadIIPro
此圖形輸入板從二年前就開始服役，我現在所公開的作品，幾乎都是用它
畫出來的。在我購買i-900之同時，就將它編入了預備役。
· WACOM Intuos i-900
剛買不久，很重。實在需要換個顯示器。

● 使用的軟體 ●

Photoshop 4.0J
Painter5.0J。

● 其他 ●

影印紙
100日圓的自動鉛筆+MONO橡皮擦
繪圖架
上等茶葉

① 關於製作圖像的步驟

記者：好的。那麼，我們就開始進行採訪。準備好了沒？嗯…，首先想請教您的是，製作圖像的作業結構 或進行方式。

島田：「嗯。我是按照草稿→原稿→線條畫→著色→潤飾的步驟來進行。」

記者：哦？這些步驟說起來還挺平常的嘛！

島田：「平常，不好嗎？」

記者：…。那麼，來談談您平常使用的機材。

島田：「我現在主要使用的是自己組裝的AT互換機、掃描器和圖形輸入板，工具是Photoshop。」

記者：那麼，您使用的作業系統是不是Windows？什麼是您自己安裝的？

島田：「我安裝的CPU是Intel PentiumII 300Mhz，頻為450Mhz，主機板為Asus Tek的 P2B-S，加上512MB的記憶體和10GB的硬碟。順便提一下，10GB的硬碟中，有4GB是Ultra 2SCSI硬碟，用來當作作業系統和儲存暫時檔案之用，其餘的是IDE。」

記者：對不起。

島田：「什麼事？」

記者：你說的我完全聽不懂。

島田：「沒關係，聽不懂也無所謂。世上也有iMac這種用起來非常方便的個人電腦。」

記者：您是說那種外型圓圓的電腦嗎？好像是披薩或什麼的。

島田：「沒錯，沒錯。」

記者：你這麼說，我就想起來了。用個人電腦畫圖的人，好像都是用Mac。島田先生，您是不是也使用Mac？

島田：「我嘛…，算起來應該是屬於UNIX的愛用者，反正我是不見容於世的人。」

記者：哎呀！可是，您不是用Windows製作CG嗎？」

島田：「事實上，我這張原稿的描繪例子，也是使用UNIX上稱為 "GIMP" 的工具畫出來的。要是沒有時間的話，我也不會勉強自己作畫。」

記者：哦，GIMP？

島田：「詳細內容我說不上來。不過，像Photoshop這種工具，倒是很好用。」

② 決定主題？

記者：那麼，這次的CG主題是什麼呢？

島田：「你說主題啊！這次的主題是…，我直截了當地說吧！就是 "可愛的姑娘"。」

記者：您這個主題不是有點籠統了嗎？還說什麼直截了當地說？

島田：「我也沒辦法，實在是想不出什麼主題。」

記者：嗯…。不管怎麼說，還是太籠統了。

島田：「哦，是嗎？以我的情況來講，在我作畫時，並不是先有一個固定的影像，才開始作畫。我只是模糊模糊決定一個主題，就把紙攤了開來

。哎呀！這麼說，或許有些語病。與其說是主題，不如說是影像的題材來得比較貼切吧！」

記者：影像的題材？

島田：「是的。比方說被用來作為『美少女CG Banner Collection』封面的那一張女傭畫。」

記者：哦。您是說拿著拖把的那張畫？

島田：「沒錯，就是那一張。那張畫本來是打算用來貼在新搬網址的烘焙雞上的。可是，正當我在作畫時，腦海中就浮現出一個念頭：既然是搬家，就必須掃地，關鍵字就用『掃地』好了！何不畫個幫我掃地的女傭人看看。可是，如果不畫活潑一點，就沒有什麼趣味。於是，我就試著畫帽子飛起來的樣子。那張畫的影像，就這樣地浮現在我的腦海中。」

記者：哎呀！決定主題與想法或影像，根本是兩回事嘛！對不對？

島田：「是嗎？可是，我覺得過程依結果而定。總之，影像要畫到什麼程度才算完成，到了最後還得思考看看。像這次，我就沒有一個固定的影像，直接就畫將起來。所以，不是很好的一個例子。」

記者：沒有一個固定的影像？

島田：「因為交稿期迫在眼前嘛！如果是職業畫家就可以如期交稿，而我卻做不到這一點。就連即將交稿的前夕，手臂的草圖我都還是畫得亂七八糟呢！」

▲ 用來裝飾『美少女CG Banner Collection』封面的女傭畫。

記者：哦。那麼，先不管主題，談談實際的作畫方法
　　　吧！

島田：「首先是草圖，我是在繪圖架上畫的。」

記者：繪圖架？

島田：「就是光線從下面照射上來的小桌子或箱子，
　　　類似檢查底片用的看片燈箱。對了！看X片用
　　　的那一種。」

記者：啊！是那種東西啊！

島田：我在繪圖架上面描繪影印紙，如果畫得不滿意
　　　，就在那一張影印紙上，另外再放一張影印紙
　　　來描。要是還不行的話，再放一張影印紙重新
　　　描畫。

記者：這樣，實在是不太經濟了。

島田：「不談這些。但是，我這麼做，在畫草圖時比
　　　較能夠將心中的影像描繪出來。這一點，我自
　　　己也覺得很傷腦筋。」

記者：那您畫好草圖之後，請問接下來怎麼做？

島田：「我先把草圖謄一謄，再用掃描器掃描。」

▲ 用廉價的自動鉛筆不停地在廉價的影印紙上畫線，再在描繪架上整理。
用的影印紙差不多三張左右。

③ 不久就要掃描了

記者：您使用的是哪家廠牌的掃描器？

島田：「愛普生的GT8500。我順便提一下，GT8500
　　　附有HEIDELBERG Sticker，可以提高意境參
　　　數。」

記者：請問什麼是HEIDELBERG？」

島田：「是最高級的DTP機材的廠商。與其這麼說，
　　　不如說是印刷機的廠商來得貼切。"總有一天
　　　要買一台 Sapphire "是我最近的口號。所謂
　　　Sapphire，是HEIDELBERG 出產的平板掃描
　　　器，一台要五十萬日圓耶！」

記者：五十萬日圓！？

島田：「那是我的夢想。購買那台掃描器的錢，可以
　　　用來安裝更穩定的系統。」

記者：男人嘛…，總是把錢花在這種地方。

島田：「男人浪漫的一面，不是女人所能瞭解的。」

記者：啊！女人怎麼會不瞭解？男人在提到浪漫時，
　　　通常都是在採取女人認為是徒勞無功的行動
　　　時。

島田：「你在揭我瘡疤啊！(有如做夢般的口氣)暫時
　　　不談要開一家DTP公司，我只是個人喜愛而已
　　　(苦笑)。」

記者：(笑)

島田：「對了。這張畫是A4-3500DPI的工作範圍，
　　　所以我用400DPI的灰色階將原尺寸掃描進
　　　去。」

記者：咦？所謂的DPI，是指什麼？

島田：「這是平常作畫時，可以不必在意的單位，只
　　　有從事印刷工作的人才知道，一般人可以不必

瞭解。對了，這張畫必須整理為線條畫，每個
人的做法都不一樣，我都是先用[色階]來做。」

記者：哦。你說的是這個對話方塊啊！具體來講，要
　　　怎麼操作呢？」

▲ 掃描之後沒多久的畫像。選取「色階」，將線條描繪出來。

島田：「在[輸入色階]的地方，並排著三個方格，左
　　　邊方格的值設定為80，右邊的值設定為240。
　　　這樣一來，圖表下是不是有三個三角形正在
　　　動？」
記者：有，有！
島田：「再來，一邊看著圖畫，一邊用滑鼠拖曳三

角形來調整濃度。最後，我分別使用65、0.25
、235的數值。」
記者：看起來清楚多了。
島田：「一般人都是使用曲線的方法，但色階的效果
　　　比較明顯。所以，我喜歡用這種方法。」

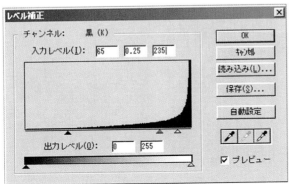

◀ 一邊看著圖畫，一邊用滑鼠拖
曳三角形來調整濃度。

選取色階之後，清除雜　▶
點。技巧請參照本文。

島田：「接下來，就是將不需要的雜點清除掉。Woody-Rinn先生曾在某雜誌公開他驚人的技巧，我在這裡就來加以介紹。順便提一下，待會兒所要介紹的線條畫圖層的建立方法，也是他在數年前介紹的。不敢掠美，在此特加聲明。那麼，我就來談談其步驟。」

記者：好的。

島田：「首先，選取 [色域指定]，將容許範圍設定為0%，顏色為白色。然後，將選取範圍[載入選擇]，或打開顯示色頻視窗，按下視窗下側類似太陽的按鈕，以建立色頻。好，我們來看看建立好的色頻。」

記者：哇！都是雜點。

島田：「用選取工具選出該色頻中的主線。重點是將[顏色範圍]設定為0，勾選反鋸齒狀效果的核對方塊。」

記者：為什麼呢？

島田：「因為我不想把線條上的雜點一起顯現出來。接下來，一邊按Shift鍵，一邊非常有耐性地將線條選取出來。全部都選取出來之後，再使選取的範圍翻轉過來。回到原畫圖層，用delete鍵或Ctrl-X，將選取範圍裁掉。」

記者：啊！消失了。

島田：「接著，往線條畫化的階段邁進。這就是上述的Woody-Rinn先生的技巧。不是我的功績。」

記者：他真是厲害。

島田：「真的是很厲害。他曾經寄了一封信給我，我實在很感動。言歸正傳，先移到色頻視窗，將黑色色頻拖曳到下側的類似火花的按鈕。這樣，線條的部分就全部被選取了。再來，移至圖層視窗，建立新的圖層，用 [塗抹工具] 全面塗上黑色、褐色或自己所喜歡的顏色。用筆刷工具分開塗，也無所謂。」

記者：哦。

島田：「以後再按照需要修正線條。大腿或頭髮之類的長曲線，就叫出圖徑視窗來畫。這樣，就宣告完成了。」

記者：辛苦您了。

島田：「好累哦！晚安。」

記者：那怎麼可以。線條畫才剛出來而已。

島田：「好吧！先喝杯茶再說。」

記者：……，你果真喜歡喝茶。來杯綠茶吧！

島田：「我已經喝上癮了，沒有茶的話，就活不下去了。」

記者：你抽煙的樣子，可能會很好看。

島田：「少來了。總而言之，兒茶素似乎是百藥之長。」

記者：可是，茶喝太多對身體也是有害無益的。

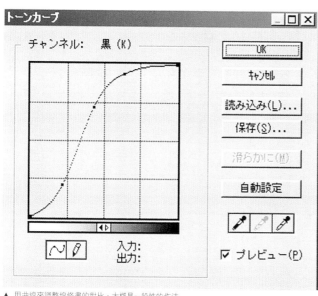

▲ 用曲線來調整線條畫的對比，大概是一般性的作法。

⑤ 整個塗上膚色

島田：「接下來，就要塗顏色了。你要怎麼著色？」

記者：這個嘛……。

島田：「沒關係，偶爾讓人來代替一下，也不是件壞事。」

記者：若是要我解說，那該怎麼辦？

島田：「那不是更好嗎？」

記者：請不要挖個坑讓我跳。

島田：「好了，不跟你開玩笑了。剛才是不是談到著色的問題？」

記者：沒錯，接下來要談顏色的塗法。

島田：「哦。可是，我覺得看畫像比說了一大堆話，更快瞭解。」

記者：準備好了，就繼續解說下去吧！步驟呢？

島田：「先從肌膚塗起。」

記者：為什麼要先從肌膚塗起呢？

島田：「因為肌膚的顏色塗不好的話，會影響作畫的情緒。」

記者：…就只是這個理由嗎？

島田：「不過，最大的理由是，肌膚是位於最底下的一層。」

記者：的確是如此。

島田：「先建立肌膚圖層，全面地塗上基礎色。」

記者：全面？為什麼？

島田：「因為待會兒要使用[模糊(高斯)]工具。如果只先塗肌膚的部分，境界部分會變成白白的模糊一片。雖然可以用[透明部分的保護]來防止這種情況的發生，但運用這種方式，畫面看起來會有些不自然。在全面塗上基礎色之後，這次再粗略地著色。再來，塗出濃淡界限模糊不清的顏色。然後，塗抹細微的部分。那麼，肌膚的顏色就塗好了。」

記者：咦？沒有花多少時間就塗好了。

島田：「就是因為這樣，大腿的顏色看起來怪怪的。接下來，沿著人物的大輪廓，將肌膚的部分裁下來。」

記者：這有什麼用意？

島田：「因為以後畫頭髮時會用到。」

◀ 建立好線條畫圖層之後，粗略地塗上肌膚的顏色。大腿的比率有點不太對勁，給人太過僵硬的感覺。

★ **到此為止的步驟**

1. 這就是線條畫。

2. 大致地塗上顏色。

3. 塗出濃淡界限模糊不清的顏色。

4. 塗抹細微的部分。

5. 再進一步地塗抹。

128

⑥ 塗抹眼珠子

記者：在紙上畫圖時，您使用什麼樣的繪畫材料？

島田：「到了最後，我已經不拘哪種繪畫材料，什麼都用。因為我也沒有專門去學過畫畫，所以我作畫時總是不按規則，有時塗上顏色墨水之後，再使用油畫顏料。不過，為了便於顯現出漂亮的顏色，我用的紙張都很好。順便提一下，即使我今天從事CG的製作，但我還是覺得在顏色的濃度方面，沒有比油畫還要好的繪畫材料。」

記者：濃度嗎？

島田：「在沒有使用看看之前，提到油畫時，總會讓人有非常困難的印象。可是，記得從前在BS上看到『鮑伯繪畫教室』這個節目，鮑伯·羅斯僅以二十三分鐘的時間，就畫好了一張油畫，真是讓我看傻了眼。」

記者：那個節目我也看過。鮑伯·羅斯是個留著黑人髮型的中年人，對不對？

島田：「對，對(笑)。他眼前什麼主題都沒有，只聽他說"今天就來畫森林的夜景吧！"然後，就迅速地畫了起來，實在是驚人！」

記者：我覺得他是在耍花招騙人(笑)。

島田：「哈哈哈。哎呀！我們怎麼談到這裡來？」

記者：我們是從顏色墨水談到這裡來。那種著色方法，是不是不值得推薦？

島田：「沒錯。今後有意從事繪畫工作的人，用Painter比較好。」

記者：大家也都這麼說。

島田：「Photoshop升級到5之後，我覺得不是那麼好用。我原先還認為Photoshop 5應該不會發生那種情況才對。不談這些！接下來從眼珠子的著色法談起。」

記者：好的。

島田：「一般的塗法是先塗眼白，再塗眼珠子，再加上亮光效果，即告完成要是不喜歡的話，可以將原畫中的亮光線擦掉。」

1. 描繪加上陰影的眼白部分。

2. 擦掉眼睛中多餘的線條，塗抹眼珠子的部分。

3. 用亮光效果表現眼角膜的厚度。

⑦ 塗上頭髮的部分

島田：「和在肌膚上著色的方式相同，先大
　　　致地塗上頭髮之後，解除透明部分的
　　　保護，用 [模糊(高斯)] 特效，輕輕地
　　　暈映之後，再勾選透明部分的保護，
　　　然後用手指和筆刷描繪細微的部分。」

記者：這次是不是先在不保護透明部分的情
　　　況下暈映。

島田：「沒錯。方才將肌膚部分裁下來的作
　　　用就在於此。請看看臉部肌膚與頭髮
　　　的交界。」

記者：啊！模糊部分的感覺真是不錯。原來
　　　如此，要是只塗上肌膚的顏色，就不
　　　會產生這種效果了。

島田：「這是手法的問題。」

▲ 開始描繪頭髮。先大致地塗上顏色之後，再用手指工具順著頭髮生長的方向塗抹。

1. 粗略地塗上顏色。

2. 用手指工具順著頭髮
　 生長的方向塗抹。

⑧ 在服裝的部分上著色

記者：接著，就是服裝的部分了。

島田：「坦白說，在這個地方如果不花個把時間來畫的話，就無法潤飾得很漂亮。實在很麻煩！先在有點像似金屬的部分著色，接著畫上布料的顏色，畫好了！」

記者：您打算這樣就結束解說了嗎？

島田：「在設計方面，也有點奇怪。」

記者：您這麼說，我也發現到有點像似金屬的部分，還留有筆刷的痕跡。是不是您偷工減料？

島田：「不。我故意這麼畫的！」

記者：故意這麼畫？

島田：「為了產生質感。我不喜歡仰賴紋理特效，而且我覺得巧妙地操作筆刷的痕跡，是將圖畫畫好的捷徑。如果是Painter就有素材的概念，使用起來也比較輕鬆。」

記者：素材？

島田：「或許可以說是塗抹繪畫材料之後的一種感覺吧！紙也有它的紋理。不過，我不曉得在CG中導入太多的素材，會演變成什麼樣的結果？說不定一開始就將純粹無垢的世界給糟塌掉了。」

記者：純粹無垢嗎？

島田：「本身不摻雜著任何物質的繪畫，就只有CG而已。可是，如果否定用模倣現有繪畫素材所作的畫，也是極為愚蠢的行為。因為繪畫材料不會受到物質層面的限制，而是直接反映出作畫者的主觀心理。這是非常有趣的一點。當然，CG也有其數位上的限制。」

記者：限制？能不能打個比方？

島田：「我的意思是說，既然沒有物質，就必須將所有的物質描繪出來。因為數位在數學上是屬於封閉的概念，所以無法超越其界限。就連硬體的限制，我們也無法超越。關於這一點，我們並無法詳細地深究。」

記者：啊！真是遺憾。

島田：「好。到了最後階段了。用 [調整] 下拉式選單，調整所有的色調，同時修正細微的部分。隱隱約約地加上背景，就完成了。」

記者：一如往常，您這張畫也沒有背景。

島田：「你喜歡什麼樣的背景？」

1. 大致上按照一般規則來做。

2. 猛一發覺，覺得亮光效果有些奇怪。

3. 雖然想重新改過，但限於交期只好作罷。

4. 在此意義下，是個不佳的例子。

⑨ 咦？已經畫好了？

記者：最後，我還有一點想向您請教。

島田：「請喝茶。」

記者：…好，謝謝！。那麼，我們就邊喝茶邊說吧！
你有沒有點心可以吃？

島田：「有。我老家寄來了醬油煎餅和低熱量食品，
你想吃哪一種？」

記者：……，煎餅好了。

島田：「好極了！再不吃就要丟掉了。」

記者：是不是已經不能吃了？

島田：「我這麼高尚的人，怎麼可能吃不能吃的東西
呢？」

記者：你還說呢！一條發硬的法國麵包，你不也是若
無其事地啃掉。

島田：「啊！你這麼說也不無道理。」

記者：我說嘛！你就是想騙我，對不對？

島田：「嗯！（斬釘截鐵貌）」

記者：哦？怎麼啦？

島田：「在這次採訪之前，某家機構曾經做過問卷調
查，看看我的畫是不是對社會有所貢獻？」

記者：我肯定這件事有些蹊蹺。

島田：「差不多有十個人回函，我拿其中的三份給你
瞧瞧！」

記者：好吧！（一副興致缺缺的樣子佐藤宏治（34
歲，自由業）我的女兒健康情況不佳，上學經
常請假。可是，只要讓她帶著島田先生的畫，
她的精神就非常好。不知道是不是因為集中力
提高，成績也有所進步。她的導師也建議我提
高她投考高中的志願。現在，每天都非常愉快
地去上學。

記者：島田先生的畫，有增進記憶的效果？

島田：看看下一份。 Efuyama （二十六歲，勤勞的
學生）小孩：「都是我不好，單獨進去不應該
去的地方……。」媽媽：「在我們稍微不注意
的時候，那孩子就遭遇到那種事…。不過，因
為島田先生的畫，才能平安無事地將他救出
來。現在，他也已經和家人相處得很好。」

記者：島田先生的畫，具有119的作用？

島田：是啊！連我自己也嚇一跳。史蒂夫 「Hello！
我是史蒂夫‧詹姆士（43歲），在某國大使館
中擔任管家，我用MR.Shimada的畫打廣告，
徵募「圖畫上那樣的女佣」（對不起，沒有徵
求他本人的同意，就私自拿來用），結果有好
多人來應徵。我現在已經和一位非常漂亮的女
佣一起工作，每天都過得很Happy。我實在非
常感謝MR.Shimada。

▲ 在衣服的部分上著色。首先，塗上白色的部分，使其看起來類似無光澤的金屬。
以藍灰色為底色，再塗上紫色和白色。只用噴槍工具或滴管工具描繪即可。

▲ 再來加強色調，也要描繪出細微的部分。按照以往的繪畫過程。

記者：關於問卷調查這件事，我不想深入地追究。

島田：「我這樣有助於國民外交，不是很好嗎？」

記者：某國人會寫日文嗎？而且是用片假名。

島田：「我不管那麼多。只要有助於國民外交，我就
　　　覺得非常高興了。」

記者：差不多可以談談我向您請教的問題了吧？

島田：「你生氣了？」

記者：哪有？

島田：「好，最後這個問題，我就認真地回答你。」

記者：真的？

島田：「嗯。」

記者：那麼，我就要發問囉。

島田：「呼嚕呼嚕……。」

記者：咦？你怎麼這樣就睡著了。

島田：「啊！對不起，對不起！請問。」

記者：嗯……。那麼，請問您是怎麼作畫的？

島田：「哎呀！怎麼問這種問題……？」

記者：伊藤先生說過，如果不問您這個問題，別人會
　　　以為這只是敘述操作繪圖軟體技巧的書。

島田：「這個問題我不知道怎麼回答？我無法用語言
　　　來形容。」

記者：沒有什麼事情無法用語言來形容的。

島田：「不，這件事不可能用語言來形容。」

記者：這話怎麼講？

島田：「你知不知道以前有位名叫維特根斯坦的哲學
　　　家？」

記者：（想得有點痴呆的樣子）。

島田：「在瑣碎的地方你可別想取笑我。」

記者：我想起來了。維特根斯坦到死……。

島田：「（間不容髮）那是克爾愷郭爾。雖然你笨笨
　　　的，還懂得一點嘛！」

記者：哼。

島田：「好了，不跟你開玩笑了。維特根斯坦被認為
　　　是"扼殺哲學的人"，在近代哲學的金字塔
　　　《邏輯哲學論述考察》中，他主張"用語言可
　　　以說得上來的事物，全都可以說得很明瞭。對
　　　語言所無法形容的事物，我們只能保持沈默"
　　　。你知道這句話有什麼含意嗎？」

記者：可以用語言說出來的事，就斬釘截鐵地說出
　　　來。可是…無法用語言來形容的事…？

島田：「圖畫可以用語言來形容嗎？」

記者：可以啊！比方說，這張畫是女孩子的人物畫像
　　　等。

島田：「那只是單純事實的陳述而已。按照什麼方式
　　　來畫，這種說法也是繪畫的事實陳述。可是，
　　　要怎樣才能明明白白地表現出繪畫的價值
　　　呢？」

記者：比如，這張畫很美……。

▲ 塗上布料的顏料。只塗上紫色就好。左手的部分不甚滿意，一邊著色，一邊覺得
壓力很大。從這個部分起，就必須與壓力奮戰。在此次的採訪內容中，島田先生
對衣服部分的繪畫過程避而不談，最大的原因就在這裡。

▲ 塗上衣服和鎧甲的細微部分。無法取得色彩的統一，覺得壓力頗大，但還是繼續
塗抹手腕的金屬部分。鎧甲參考胴體的部分來著色。

島田：「那只是說明了繪畫的部分價值而已。不管褒或貶，都不過是繪畫價值的"說明"而已，根本無法說中價值本身。繪畫的"美"，豈是語言所能形容的？」

記者：哦。說了老半天，您到底想說什麼？

島田：「不要用思考，你看！」

記者：咦？

島田：「繪畫本身是不能用思考來解決的。你只能用看，看出畫中語言所無法形容的東西。然後，再將那種意境描繪下來。思考的界限充其量存在於語言的界限之中，因為思考依附於語言。換句話說，對繪畫的說明，無法超越語言的界限。我們所能做到的，只是事實、比喻和技巧論的有限集合。」

記者：那麼，這篇文章……。

島田：「技巧和繪畫過程當然重要，要是沒有技巧和繪畫過程，就畫不出畫來。不過，這兩者只是為了接近想要描繪之意境，所採取的手段而已。所以，我無法回答"那張畫所要表達的意境是什麼？"之類的問題。我只能說"我想畫可愛的女孩子"。」

記者：你這麼說，不是擺明只能畫"語言所能形容"的東西嗎？

島田：「哦。那麼，你來說明什麼叫做"可愛"？」

記者：這個嘛……。

島田：「我這張畫確實是以可愛為重點。可是，"這張畫很可愛"這段敘述，在邏輯哲學論述考察的立場上，則被視為是錯誤的。」

記者：為什麼呢？我覺得也沒有什麼不對的地方。哦！是不是「可愛」的狀態，無法用語言來形容？

島田：「如果說"這張畫是四方形"，由於述語指出主語本身的事實，所以是正確的陳述。可是，如果說"這張畫很可愛"時，述語不是指主語本身，而是闡述內在於主語中的價值，這是不合邏輯的。」

記者：……。您的意思是說，因為指出價值的述語，不能指出主語本身，所以不正確。對不對？我覺得有些難以理解。

島田：「這是屬於邏輯學的範疇，也是無可奈何的事。不過，當小孩子在背誦"指出價值的述語"這句話時，通常都是當作感歎詞來記誦。比方說，"漂亮"啊！"可愛"啊！等。這不是用來說明該對象，而是"看了之後，覺得感動"而發出來的"言辭"。」

記者：您這麼一說，我覺得似乎有些瞭解了。

島田：「總之，繪畫和音樂是無法用語言來表達的。所以，必須不仰賴思考來創作。事實上，如果是技巧論的話，我多少還可以談一點。不過，我不願被人認為是三流的評論家。畫，還是必須用看的。」

記者：啊！您以前說過，「一般的評論家只能批評技巧和現象」指的就是這一點囉。

島田：「沒錯。從事用語言來表達精彩事物的職業，可真是辛苦！因為我覺得麻煩，所以才表現在圖畫上。」

記者：(笑)謝謝您今天接受我們的訪問。

▲ 在衣服的部分上著色。首先，塗上白色的部分，使其看起來類似無光澤的金屬。以藍灰色為底色，再塗上紫色和白色。只用噴槍工具或滴管工具描繪即可。

▲ 再來加強色調，也要描繪出細微的部分。按照以往的繪畫過程。

完成！

CG! 美少女CG特異技巧特別企劃

網路聊天室座談會

這次我們請來了參加本書《美少女CG特異技巧》之製作的CG作家，舉行了網路聊天室大會。雖然大家分別來自各個層面，但卻都是CG的高手。另外，在舉行座談會之前，我們已經將本書的簡易版設計成網頁，讓大家能各自上網，看看這些高手CG的畫法。「製作CG」成為共同的話題，也充滿趣味。而且，大家在這次的座談會中，也都聊得非常愉快。

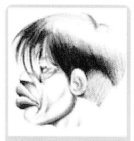

眼球
「我受到動畫片畫家的刺激還是很大。」
< eyeball >

海星★梨
「我是用超市的宣傳單，作為畫畫的參考。」
< hitode >

神之miwaza
「由於我不會在紙上作畫，所以就一頭栽進CG中…。」
< miwaza >

朝妻天
「我通常都是描繪我現在感到興趣的題材。」
< Asazuma >

岩崎麗子
「關於髮型，我是看身邊的人。以後，再在鏡子前擺弄自己的頭髮。」
< reeko >

島田朝臣
「可是，我安裝Linux之後，沒想到速度那麼快(笑)！」
< ASOMI >

麻紗
「我在玩電腦遊戲軟體或看漫畫時，看到漂亮的圖畫，就會產生想畫畫的衝動。」
< masa >

伊藤明
「居然有不在意像素而能畫電腦繪畫的人，真是讓我大吃一驚。」
< akibyon >

1. 歡迎各位上網路聊天室

*** akibyn has joined channel #banakore (+ 0)
*** #banakore = @ akibyon
*** Asazuma has joined channel #banakore
< akibyon > 朝妻小姐晚安。
< Asazuma > 大家好！
*** hitode has joined #banakore
< Asazuma > 海星先生你好。
< hitode > 你好，我是海星★梨。
< akibyon > 歡迎，歡迎。
*** reeko has joined #banakore

< akibyon > 岩崎小姐，您來了！
< reeko > 各位好。
< Asazuma > 你好。
*** ASOMI has joined #banakore
< ASOMI > 您好，我是島田。
< akibyon > 島田先生，歡迎你的蒞臨。
< reeko > 你好。
< Asazuma > 島田先生，幸會幸會！
< ASOMI > 謝謝。
< hitode > 你好。

< ASOMI > 啊！大家幸會。
< akibyon > 謝謝各位在百忙之中，撥空來參加這一次的座談會。
*** miwaza has joined #banakore
< miwaza > 啊！你好。
< miwaza > 哎呀！大家都到了。
< ASOMI > 你好！
< miwaza > 你好！
< akibyon > miwaza小姐，歡迎你的光臨。
< reeko > 你好。
< hitode > 神之miwaza小姐，幸會幸會。
< miwaza > 幸會幸會！
< akibyon > 都到齊了。
< miwaza > 不是還有兩位嗎？
< reeko > 朝妻小姐？
< akibyon > eyeball先生不知怎麼啦？會不會是網路塞車？
< Asazuma > 神之miwaza小姐，幸會幸會。我說這一句話，可能會比較唐突。你是我的偶像。(爆笑)
< miwaza > 哈哈哈！(笑)
< akibyon > 啊！原來如此。接下來，我想請問各位府上在哪？我是千葉縣千葉市人。

< ASOMI > 我住在埼玉的北葛飾。
< miwaza > 啊！我也是埼玉縣人，我住在狹山市。
< reeko > 我住在都內。嗯……23區內，也就是大田區。
< hitode > 我住在東京，衰退商店街都市一赤羽。
< Asazuma > 我住在帶廣，那是個非常寒冷的地方。(爆笑)
< akibyon > 這正是網路聊天室的妙趣所在。
< ASOMI > Internet萬歲。
< reeko > 網路這個東西實在是太棒了。
< miwaza > 這一句話好像是哪本書上有提到過？
< akibyon > 這倒是一個很好的問題。
*** Signoff：Asazuma (Ping timeout)
< ASOMI > timeout？
< miwaza > 咦？
< miwaza > 朝妻小姐？
*** Asazuma has joined #banakore
< hitode > 大概是斷線吧？
< miwaza > 啊！回來了。(笑)
< Asazuma > 我的機器凍結了。
< ASOMI > 機器也會凍結？(笑)
< miwaza > 哈哈哈。真絕！

2. 先從自我介紹起

< akibyon > 雖然人數還沒有到齊，不過差不多也要開始了。那麼，我們就從自我介紹開始吧！朝妻小姐，麻煩從你開始。
< Asazuma > 我是朝妻天，現在的職業是媳婦。使用的機器是Pentium 166，記憶體128M，使用的軟體是Photoshop / Illustrator / Painter 我喜歡的畫家是Watasasaizou先生。PC&網路的經歷三年，CG也同樣是三年。報告完畢！
< miwaza > 霹靂啪啦。(拍手聲)
< hitode > 朝妻天小姐，從你所畫的圖案來看，我原先還以為你是個壯碩的男人。
< miwaza > 我也這麼認為。
< ASOMI > 嘻嘻嘻！
< Asazuma > 我大致還算是個女人啦！(爆笑)
< akibyon > 接著，請島田先生自我介紹。
< ASOMI > 我啊！我是島田朝臣，來自於九州。職業是某印刷公司打雜的電腦程式設計人員，似乎也可以說是技術人員。我是從高中時就開始畫畫，差不多也有6～7年的時間。使用的機器是 Pentium II – 300 MHz超頻為450 MHz，軟體以Photoshop為主，在進行設計時則使用Illustrtaor，喜歡的畫家有鈴木英人、洛克威爾等人。報告完畢！
< akibyon > 謝謝。
< miwaza > 霹靂啪啦。(拍手聲)
< akibyon > 接下來，麻煩海星先生自我介紹。
< hitode > 好的，我是海星★梨。目前的職業是在東京赤羽開皮鞋店，受到不景氣的影響生意不是很好。關於繪畫方面，我是一竅不通，以前曾經模仿河明

這個人胡亂塗鴉。我喜歡的動畫是 "前往優尼可魔法島"。個人電腦是P2—266M，記憶體為128M。不過，我的記憶體是從64M增加到128M，但完全發揮不出效果，讓我對它非常失望。我用的是Photoshop的軟體，圖層可能吃掉很多記憶體，但使用SuperKid就比較沒有關係。我現在的機器設備，使用SuperKid性能是好太多了。
< akibyon > 謝謝你，接下來請miwaza小姐做自我介紹。
< ASOMI > 霹靂啪啦。(拍手聲)
< miwaza > 我是神之miwaza。我的職業是電腦打字員，上網的經歷差不多有八年，CG的經歷是從16色時代算起差不多有五年，使用的機器是組合式AT互換機，CPU是Celeron，450 MHz，記憶體差不多是256 M，喜歡的畫家是費爾美爾，軟體只使用Photoshop……報告完畢。
< reeko > 霹靂啪啦。(拍手聲)
< akibyon > 謝謝。那麼就請岩崎小姐自我介紹。
< reeko > 我叫岩崎麗子，是自由畫家(畫的大多是遊戲軟體的圖像)。我是Windows的使用者，使用的軟體是Photoshop，使用的器材是MMX的166 MHz，記憶體為96 M……，可能稍微舊了一點。上網的經歷為一年，不過在以前就曾經透過朋友的HB公開過CG，我喜歡的畫家有……不可勝舉。今天和這麼多的了不起人物同席，覺得有點緊張……。報告完畢！
< akibyon > 嘻嘻嘻。謝謝！
< miwaza > 哇！霹靂啪啦。(拍手聲)

3. 詢問大會

< akibyon > 嗯…。接下來，我們就來進行詢問大會，或許也可以稱為是感想大會。想要發問的人請舉手。
< hitode > 不管怎麼說，大家所畫的圖案都非常富有變化，真是太精彩了。
< miwaza > 啊！我有個問題，請問各位在畫圖時，是從哪裡得到靈感或題材？

< hitode > 夾在報紙內的廣告單。
< miwaza > 嗯。
< reeko > 嗯。
< Asazuma > 哇！
< miwaza > 什…什麼？
< ASOMI > 原來如此。

< Asazuma >	夾在報紙的廣告單……。
< hitode >	超市的廣告單,也是我作為畫畫時的參考資料。穿著時髦衣服的模特兒擺出的姿勢,很適合作為畫畫的題材。
< miwaza >	很有道理!
< reeko >	哇!太好了。
< miwaza >	那其他各位有什麼意見,可以提供給大家參考?
< Asazuma >	我通常是使用函授目錄作為描繪衣服的參考。
< ASOMI >	啊!我也是這麼做。
< miwaza >	用函授目錄來作為繪畫的題材也不錯。不過,我都是去書店翻閱近期的雜誌。
< Asazuma >	我通常都是描繪我現在感到興趣的題材。
< miwaza >	喔!
< Asazuma >	這次畫的那張圖畫,有人說手錶內根本無法放進電磁,真是不好意思(苦笑)。
< reeko >	喔!
< miwaza >	啊!畫裡面又不是在描述實際的生活,怎麼可以這麼說呢?
< reeko >	我是將腦中突然浮現的構圖或服裝的線條,記在備忘錄上。
< miwaza >	咦!你把圖畫畫在備忘錄上?
< reeko >	是的。當我看備忘錄時,總是看到一大堆莫名其妙的圖畫…。
< Asazuma >	感覺上好像是藝人所說的資料簿。
< hitode >	有些人只要盯著白紙,腦中就會浮現出構圖或靈感,這種人實在令人羨慕…。
< reeko >	沒錯,就是所謂的資料簿。
< ASOMI >	我很羨慕那些有豐富畫圖資料的人。
< miwaza >	真的,真的…。
< Asazuma >	的確如此,我也沒有辦法光是看著白紙就想出靈感來。而且,我持筆作畫的力道很大,紙很快就會被我畫破。
< ASOMI >	我也常常盯著白紙看,因為苦思冥想,想不出一個所以來(笑)。在那種狀況之下,要是思緒中斷的話,就必須採取胡亂塗鴉的方式來畫了(有前例可循)。
< miwaza >	沒錯。謝謝您的回答。
< ASOMI >	那麼,miwaza你呢?
< miwaza >	咦?
< reeko >	就是怎麼產生靈感啦!
< miwaza >	我就是因為不知道,才向各位請教(笑)。
< Asazuma >	哈哈哈哈哈哈哈哈哈!
< hitode >	對了。各位是基於什麼原因而開始畫CG?
< Asazuma >	因為購買了PC(爆笑)。
< ASOMI >	因為我家有部電腦(MSX),不用可惜(爆笑)。
< miwaza >	是啊,是啊!我的情況與你相近,我會開始畫 CG,也是因為我家有台電腦的緣故。
< akibyon >	在這之前,就是用紙畫囉!
< miwaza >	是的。
< hitode >	我在三年前購買了IO Data的Vedio Card,因為該產品附贈Superkid,我就這樣開始畫了起來。
< reeko >	我自懂事以來,看到有人畫圖,也會想在紙上作畫,這是我開始畫CG的起源。
< akibyon >	如果覺得無法隨心所欲地在紙上作畫,那麼畫CG時,是不是也會覺得很累?
< miwaza >	不!我就是覺得無法隨心所欲地在紙上作畫,才會一頭栽進CG之中。
< ASOMI >	你是因為無法隨心所欲地在紙上作畫,才畫CG?在紙上著色,所能塗的顏色有限。
< miwaza >	沒錯。
< hitode >	基本上,我是畫電腦畫。所以,在紙上畫草稿還是很重要。
< ASOMI >	我也無法直接在電腦上作畫。
< reeko >	不管在紙上或PC上,我都無法畫出讓我自己覺得滿意的畫…(大概需要每天訓練。)
< Asazuma >	自從我畫CG之後,畫的圖畫就和以前不一樣了。
< miwaza >	我也是以製作CG為前提來作畫的。
< Asazuma >	對,沒錯!沒錯!我也是以製作CG為前提來作畫的,這樣就不再需要墨水了(爆笑)。
< reeko >	事後也可以不用再花時間去整理。
< ASOMI >	畫畫好之後,不但不必將顏料倒掉,還可以把腳伸入被爐旁一邊取暖,一邊畫。
< hitode >	花在事後整理的時間和勞力實在很多。像噴槍在用過之後,如果不清洗乾淨,噴嘴就會堵塞。
< reeko >	沒錯,沒錯。
< Asazuma >	洗筆水如果放著不倒掉,有時還會結凍呢(苦笑)!
< ASOMI >	這是個連洗筆水都會結凍的世界。
< hitode >	CG操作簡便,是它吸引人的地方。
< akibyon >	你們有沒有在網路上公開過CG作品?
< Asazuma >	對自己來講,這是肯定自我的一種方式。
< miwaza >	沒錯。這也是我現在樂此不疲的一個最大理由。
< reeko >	是啊!能夠在網路上公開自己的作品,真是不錯。
< hitode >	雖然我原本不是為了要給別人看我畫畫,但在不知不覺之中,就在意起他人的看法了……。
< Asazuma >	我喜歡隨心所欲地將Web設計與繪畫主題相結合那種感覺。
< akibyon >	各位在學校美術課的情形是怎樣?
< hitode >	我只畫類似漫畫的畫。
< Asazuma >	我美術的成績還是丙的呢!
< ASOMI >	我覺得那時候比現在還畫得好(苦笑)。
< miwaza >	啊!我也是。

4. 意志消沈時該怎麼辦?

*** masa has joined channel #banakore	
< miwaza >	啊!masa小姐上網了。
< masa >	晚安。
< ASOMI >	要不要從自我介紹開始?
< akibyon >	是的。請簡單地做個自我介紹。
< masa >	那麼,我可要開始介紹了!嗯……。我是從愛媛上網的,我們家鄉生產的橘子非常甜。我住在新居濱這個地方。機器環境非常差,CPU233不穩定,記憶體是48M,常感不夠用。我喜歡的畫家很多,有大槍蘆人先生、藤島康介先生、草河遊也小姐等。就介紹到這裡。
< akibyon >	麻紗小姐,您在畫畫時,是怎樣取得繪圖題材的?海星先生是用超市的廣告單作為繪畫的題材。
< ASOMI >	比方說,「看廣告單」、「突然產生靈感」、「陷入苦思冥想當中」等等。
< masa >	我在玩電腦遊戲軟體或看漫畫時,看到漂亮的圖畫,就會產生想畫畫的衝動,就這樣乘興畫下來。
< ASOMI >	這種情況絕對有。
< miwaza >	啊!沒錯,沒錯。
< reeko >	嗯,這種情況我也曾經發生過。
< miwaza >	有時也會覺得很頹喪。
< masa >	所以,我意志消沈時,就玩電動玩具。只要是屬於電玩的範疇,基本上什麼都玩。前一陣子,我在玩AOE時,就湧起一股想要畫畫的衝動(笑)。
< miwaza >	哈哈哈哈。
< Asazuma >	有機會我也來玩AOE。
< masa >	大家也都是這樣嗎(笑)?
< akibyon >	麻紗小姐,還沒聽你提到你的職業呢!如果不方便說的話,就當我沒問好了……。

< masa > 哦？職業嘛…。我是以學生為本業。
< hitode > 真年輕！
< akibyon > 哎呀！
< Asazuma > 哇啊！

< reeko > 噢。
< miwaza > 學生呀！
< ASOMI > 哇！。

5. 如何學習CG的畫法？

< akibyon > 我們把話題轉回畫畫上吧！
< hitode > 嗯。各位是自己學習畫CG嗎？有沒有什麼參考書？
< miwaza > 嗯…。我是在網路上到處看其他作家的CG畫法講座。
< reeko > 我是跟人學，也參考相關書籍，有時也在HP上觀看電影的製作…。但歸根究底，還是自己學習。
< Asazuma > 我完全是自我學習。參考的書籍是MdN的《令人歎為觀止的Photoshop商標圖案設計》。
< miwaza > 嗯，這本《令人歎為觀止的Photoshop商標圖案設計》寫得還不錯。
< Asazuma > 真的不錯，內容淺顯易懂。
< masa > 我和miwaza小姐一樣，到處看別人的畫法。
< hitode > 由於幾乎沒有人在使用Superkid，所以我馬馬虎虎自是自己學習的。
< ASOMI > 我也是暫時看別人怎麼畫。
< akibyon > 各位實在是太厲害了，參考別人或自己學習，都能畫得這麼好。我看到海星先生的原稿，還真是嚇了一跳呢！
< miwaza > 我也是。用Superkid，怎麼能夠畫得那麼好呢？
< Asazuma > 是啊！我從來沒看過使用Superkid，使用得那麼好的人。

< miwaza > 說真的，原先我還以為是用Photoshop畫的。
< akibyon > 是啊。本書本來就不打算限定所使用的工具，但我們總是認為一般人用得不是Photoshop，就是Painter。
< hitode > 我真希望能夠遇到志同道合，和我一樣使用Superkid的人。
< Asazuma > 有很多人使用PhotoDeluxe。
< ASOMI > 關於工具，我希望能夠全部在Linux上描繪。要是時間充裕的話，這次的原稿，我是想這麼做。因為全部都能免費獲得(微笑)。
< reeko > 島田先生，您說得是。
< akibyon > 對不起，截稿時間太匆促了。老是給各位添麻煩！要是能夠用Linux繪圖的話，下次一定還要麻煩各位。
< hitode > Linux是不是比較穩定？我在Windows的作業下畫圖，老是發生程式錯誤的問題。
< ASOMI > OS本身極為穩定。雖然我用新的機器，但和以前沒有什麼兩樣，依舊是使用Windows。可是，安裝了Linux之後，沒想到速度那麼快(笑)！繪圖工具情況怎樣？目前我還不清楚。不過，在性能方面大概與Photoshop非常相近。

6. CG技巧今昔

*** eyeball has joined channel #banakore
< akibyon > 眼珠子先生，歡迎。
< miwaza > 啊！眼珠子先生，幸會，幸會！
< reeko > 眼珠子先生，晚安，幸會，幸會。
< miwaza > 啊！眼珠子先生，能不能請您做個自我介紹。
< eyeball > 幸會，幸會！對不起，我來遲了。我叫眼珠子。現在，正從rimnet的大宮連上網。個人電腦是Mac，那是二年前的機種，規格名稱為7600 / 120。記憶體為208MB，HD為抽取式為主，容量為7.2GB。另外，還有三台CD-R(笑)。
< miwaza > 真棒！
< reeko > 有三台呀！
< Asazuma > 真棒！
< eyeball > 我的職業是公司的職員，屬於技術人員。不過，與電腦無關。我所喜歡的CG作家非常多。我剛開始上網時，唯一先生給我的印象最為深刻。後來還有阿奇先生、宇宙帝王先生等這些老朋友，讓我享受了CG的樂趣。
< akibyon > 我也是從阿奇先生那裡，首次進入眼珠子先生的網頁。
< reeko > 真有意思。
< eyeball > 我是從1982年起使用個人電腦，但從1986年購買了一台中古的MZ-80B，才正式加入電腦族的行列。後來，從Persopia體驗了彩色圖像的畫法，接著就全部使用Sharp的機種，如：MZ-2200、2500X1、x1turboZ、X68000(笑)。
< miwaza > 哇！X68。
< ASOMI > (由衷地鼓掌)

< hitode > 哎呀！X68！那我們是同伴囉！
< eyeball > 到了1994年，我換了Mac。但我內心的故鄉還是Sharp。
< Asazuma > (・・・一臉帥樣子・・・)
< reeko > 有時我也用X 68工作，算起來也是我的朋友。
< eyeball > X 68000是很好的機器，我對自己製作軟體也很感興趣，那是一部非常容易研發軟體的機器。雖然說是CG，但當時與現在事實上完全不同。在80年代的後半期，我也曾經用BASIC自己製作工具來畫畫。
< miwaza > 喔！那是只能使用八色的時代。
< hitode > 用Tiling製作顏色，現在實在很難想像……。
< eyeball > 沒錯，當時Tiling的技巧令人有CG技巧的感覺。
< hitode > 嗯……我瞭解了。
< miwaza > 從少許的顏色變成全彩的技巧，現在已經不太使用了，想想也真是可惜。
< Asazuma > 至今也有人用16色來畫畫，而能製作出非常漂亮的CG。
< eyeball > 的確有這種人。
< reeko > 沒錯。
< ASOMI > 那是一種獨特的技巧。
< eyeball > 不用Tiling塗色的手法，很難進行修改。用手動的方式著色，以後要改變顏色或修正比較容易。
< miwaza > 沒錯。Tiling現在已經發揮不了什麼作用。
< eyeball > Tiling現在壓縮成JPEG情況很不好，如果製成GIF則讀取不出來。
< ASOMI > 因為TILE如果壓縮成jpeg，從理論上來講都會變得很差。
< miwaza > 以後還要去除主線邊緣不整齊的線條……。

< ASOMI >	去除主線邊緣不整齊的線條……真是令人懷念的一件事。
< reeko >	(去除漫緣不整齊的線條,在工作上還在進行。)
< miwaza >	喔!
< hitode >	這個話題也許只適用擁有X 68的人。柳澤先生的PUC形式在Windows的作業系統之下沒辦法推廣。
< eyeball >	PIC 2也相當不錯。
< ASOMI >	據說是WWW做出來的。
< eyeball >	PIC 2在當時具有相當大的影響力。
< hitode >	那一套軟體在製作動畫上效果最佳……。
< eyeball >	我的CG用PIC或PIC 2來壓縮,應該可以壓縮到很小。
< hitode >	眼珠子先生的話,的確非常適合PIC!
< eyeball >	尤其是第一手資料,可以進行最佳狀況的壓縮。可是登載於HP時,整個畫面會縮小,輪廓會變得非常模糊,而且壓縮率會急速下降。雖說如此,JPEG的雜色也會增加很多。
< miwaza >	JPEG顏色會稍微改變,而且整體會混雜著雜色……。
< reeko >	因為 JPEG會出現塊狀的雜色……。
< hitode >	如果在可能的範圍之內縮小,然後以可逆壓縮的形式來存檔,效果會怎麼樣呢?
< ASOMI >	那麼用PNG情況會如何呢?
< reeko >	用手動的方式著色,大概可以使用GIF……。如果想要在顏色上下工夫,就必需使用減色工具。
< hitode >	還是得使用GIF?對習慣全彩的人來講,減色是一件悲哀的事……。
< miwaza >	要漂漂亮亮地進行減色,是不是以GIF為最佳?
< akibyon >	我比較喜歡在漂漂亮亮地進行減色的圖畫中,具有

	JPEG的雜色現象。我想檔案大小也是個問題。
< reeko >	以JPEG的情況來講,是不是要注意壓縮率的問題?
< Asazuma >	各位我順便問一下,要如何改變畫像?是用繪畫工具,還是用專用的應用軟體來變更呢?
< miwaza >	我一律使用Photoshop。
< ASOMI >	我也全部交給Photoshop去處理。
< reeko >	關於減色變換畫像,我是使用「Optpix」。
< hitode >	在縮小尺寸或壓縮JPG上,我讓人使用免費軟體Dibas。
< akibyon >	我以前使用付費的共用軟體,所以一直都使用PAG 1。
< Asazuma >	Photoshop可以將JPEG壓縮得非常漂亮。
< miwaza >	喔!還有SperKid的畫像變換器也不錯。
< eyeball >	我在取得了Photoshop之前,也使用過Pixelcat。看來各位都是WIN派。
< Asazuma >	我朋友推薦我使用OPTPiX。
< reeko >	OPT在進行GIF轉換非常優異,我非常喜歡,可以為我們進行Tiling。
< eyeball >	PIC 2壓縮,可分為32 K色以下,和32 K色以上兩種。如果使用32 K色以下的話,會覺得檔案變得很小。所以我在不太複雜的程度內,找出能夠減色的工具。但Pixelcat的減色方面,我覺得比Photoshop還好,看來還是需要使用Windows的機器。
< Asazuma >	哎呀!還是需要聽聽別人的做法,來作為自己參考。

7. 要怎樣想出服裝的搭配?

< akibyon >	剛才hitode先生提到,他是用超市的宣傳單,作為描繪CG的參考。眼珠子先生,不知道您有沒有好的意見,來作為我們的參考。
< eyeball >	我通常是受到動畫畫家的圖像所刺激,現在我最崇拜的偶像Nadeshiko和後藤圭二先生。
< hitode >	眼珠子先生這次您畫的像,在衣服上有個皺摺,請問這是怎麼一回事?
< eyeball >	對不起,這是我失敗的地方。我曾經在這個注意事項上寫道「加上無意義的皺摺,有時會產生反效果」。最近我身邊志同道合的畫家,正流行在衣服上加皺摺。
< hitode >	衣服上有皺摺比較有真實感。
< eyeball >	我覺得身上穿著緊身的衣服比較容易畫。本來我對畫寬鬆的衣服就非常不擅長。
< hitode >	我瞭解了。你的意思是說裸體最容易畫。
< Asazuma >	哎呀!很不好意思,我反而覺得裸體很難畫,這是我不畫素描的原因。
< eyeball >	遊戲軟體的CG,比如To heart等的服裝,都是寬寬鬆鬆的很難畫。如果不好好地研究衣服的結構,很不容易把衣服畫得很漂亮。
< reeko >	嗯。裸體的確很難畫,但我最不擅長的還是褲子。
< ASOMI >	自從我開始畫畫,對衣服就懂得非常詳細(笑)。
< eyeball >	這方面你是怎麼學習的?

< ASOMI >	(爆笑)我看女性雜誌。
< eyeball >	原來如此。
< Asazuma >	我看了流行雜誌之後,再試著作畫。由於我會自己做衣服,連接縫處都記得牢牢的。
< miwaza >	哇!真厲害。
< reeko >	朝妻小姐,做衣服是件非常愉快的事,對不對?
< Asazuma >	的確是件快樂的事。
< hitode >	你能不能推薦幾本女性雜誌,讓我們參考看看?
< akibyon >	女性雜誌上的服裝,必須根據自己想要畫的人物做修正才行。
< Asazuma >	您說得對。
< ASOMI >	沒錯。女性雜誌還會因為年齡層而有所區別。
< reeko >	在衣服方面,要實際前往書店翻閱比較好。
< Asazuma >	現在的雜誌有以「高中女生」為對象,也有以「OL」為對象,區分比較細,對我們在畫畫上有很大的幫助。
< hitode >	下次我可得買本女性雜誌來參考。
< ASOMI >	再來就是觀察人類。
< Asazuma >	對,這一招我也做過。
< reeko >	沒錯,沒錯。在街上走走瞧瞧,的確是非常有趣的事。我也經常前往視野良好的咖啡廳觀察路人。

Chat★Chat★Chat★Chat★Chat★Chat

8. 如何決定髮型？

< akibyon >　在髮型方面，是不是也一樣？

< Asazuma >　比起髮型來講，我覺得比較困擾的是頭髮的顏色。

< reeko >　關於髮型，我都是觀看身邊的人。然後，在鏡子前面擺弄自己的頭髮。

< miwaza >　頭髮的顏色也讓我覺得很困擾。

< ASOMI >　我覺得如果不看看實物的話，對頭髮不瞭解的事情反而更多。

< hitode >　動畫上的人物髮型太過獨特了，可能沒有實際觀看人來作為參考。

< eyeball >　有的頭髮尖尖的，看起來像個海膽。

< ASOMI >　擺弄頭髮是女性的特權(苦笑)。

< Asazuma >　可是，男性的頭髮反而更難畫。

< reeko >　只要有條理的話，動畫人物的髮型可以在腦中3D化……

< ASOMI >　動畫人物的髮型可以說是屬於日本的文化。

< Asazuma >　是的，非常獨得。

< hitode >　的確是一種文化。一下子流行，一下子就不流行了。總之，我只畫天使的人物造型。

< miwaza >　海星先生的畫，在這方面就畫得不錯。

< hitode >　miwaza小姐，你這麼說我覺得很慚愧。不過，頭髮的畫法真的與個性有關。

< miwaza >　有很多人對頭髮的畫法覺得很困擾。

< hitode >　這是女人的宿命。

< eyeball >　由於頭髮是硬質，似乎有很多人採用手動的方式來

著色。近幾年來的動畫，是以有規則地呈現鋸齒狀的亮光效果為主流。在特定的情況下，如果動畫不這麼畫的話，就營造不出氣氛。以前的畫，頭髮上的亮光效果更細，而且較不規則……過去電視上的卡通片，並沒有那樣的亮光效果。

< ASOMI >　我的畫法也是鋸齒狀的延長。

< hitode >　動畫人物的頭髮，一年比一年奇怪。

< eyeball >　現在的動畫人物的頭髮，畫起來可能比較費工夫。用尺拉出來的直線光亮效果，畫起來可真是有點麻煩。

< akibyon >　可是，亞洲方面的動畫製作公司也都呈現鋸齒狀，看起來比較好畫。這樣，不管誰回過頭來畫，都能非常漂亮地連貫起來。

< eyeball >　沒錯，沒錯。的確有這種情況。

< ASOMI >　誠然如此。

< eyeball >　沒錯。其中有一張畫不一樣的話，在畫面上就無法一氣呵成。有時，我會覺得動畫人物的頭髮都是貼上去的。

< reeko >　嗯。

< hitode >　那也是一種樣式美。以女孩子的CG來講，只要頭髮和眼睛畫得非常可愛，似乎以後就萬事OK了。

< miwaza >　頭髮和眼睛非常重要。

< reeko >　那是女孩子迷人的地方。

9. 鼓足勁頭地描繪眼珠子

< hitode >　以前的少女漫畫，眼睛都畫得很美。

< eyeball >　眼睛的畫法也隨著時代而變遷。以前的漫畫，眼睛都畫三根睫毛。

< Asazuma >　(畫三根睫毛的人是朝妻)

< eyeball >　基本上，我也是屬於三根睫毛派。

< reeko >　我是一根。

< ASOMI >　我要看當天的心情而定(笑)。

< miwaza >　我也是每天畫得都不一樣(笑)。

< Asazuma >　我眼珠子都畫得很大。

< eyeball >　從最近的畫法來看，睫毛似乎已經與眼睛的輪廓融合在一起。讓人看不出睫毛在哪裡的現象，不是很普遍嗎？

< ASOMI >　啊！沒錯，沒錯！

< eyeball >　ASOMI先生這方面就畫得不錯，對不對？

< ASOMI >　有這種事？嗯…。是嗎？各位是不是在等我的回答(不知所措的樣子)？

< miwaza >　當然(笑)。

< Asazuma >　我正在等您的回答(笑)。

< ASOMI >　哦……。我是「鼓足勁頭」。報告完畢。

< Asazuma >　鼓足勁頭…。這句話講得真好(感動地流眼淚)。

< reeko >　鼓足勁頭的精神，的確非常重要。

< hitode >　在眼珠子上加入光亮效果時，我總是在丹田上用力，就好像是神像雕刻師傅舉行開光儀式一般。

< miwaza >　嗯。真的，真的。

< eyeball >　像被遭到洗腦的壞角色，眼珠子就沒有亮光效果了(笑)。

< miwaza >　變得沒有生氣了(笑)。

< reeko >　沒錯(笑)。

< eyeball >　乙女回路在臨死前，眼珠子也沒有亮光效果(笑)。

< ASOMI >　要是假冒者，眼角就往上吊(笑)。

< eyeball >　對，對。在眼睛下面還會勾畫出輪廓來。

< akibyon >　假冒的水戶黃門就是這種畫法(笑)。

< ASOMI >　各位看得真仔細，任何人都不會發現到這一點。

< reeko >　「不會發現到什麼？」(觀眾的聲音)

< eyeball >　亮光效果就是那麼重要。還有，作為眼珠子的構成因素來講，還包括瞳孔(黑眼珠)。在瞳孔上加入亮光效果，可以有效地提高對比，營造出非常不錯的感覺。

< hitode >　嗯，我瞭解了。我都只是塗上黑色而已。

< eyeball >　作為黑眼珠(虹彩與其中心的瞳孔)的塗法來講，我經常不是平均地塗，而是在上半部幾乎都是塗上黑色，眼白的部分則加上陰影，這樣會比較漂亮而有質感。不過，如果塗過量的話，看起來就會像似魔女，必須特別注意。

< hitode >　哦。這我明白。這樣，眼珠子才會產生立體感。

< reeko >　嗯。

< eyeball >　看來動畫的繪畫技巧似乎比較普通。啊！對了。睫毛的陰影要怎樣畫？

< hitode >　睫毛的陰影啊？

< ASOMI >　有時在眼中還要加入頭髮的影子。

< eyeball >　不錯，有時還要加上眼皮的陰影。

< reeko >　我總算明白眼珠子下半部變亮的道理…。

< hitode >　描繪眼珠子是製作CG時，最快樂的時光。

10. CG工具可能會使繪畫材料有感覺？

< ASOMI > 由於我在描繪眼珠子時，越是想畫得講究一點，就越畫得不好。所以，我乾脆就隨便塗一塗了事。

< akibyon > 與其他部分取得平衡，也是很重要的觀念。對不對？

< ASOMI > 您是指客觀地看待自己的作品這種高超的境界嗎？有些人會認為自己的靈感，是長年修鍊的結果而敝帚自珍(笑)。這方面，我還修鍊不夠。

< miwaza > 哈哈哈！這種心情我瞭解。

< reeko > 沒錯，我也覺得與其他部分取得平衡，非常重要。要是不瞭解這一點，在作畫上很難獲得進步。

< ASOMI > 您說得是。對了，海星先生，您有什麼看法？

< hitode > 島田先生如果修鍊不夠，那我就必須去淋華嚴瀑布來修鍊了。

< eyeball > 年輕人很快就會畫得很好的。

< reeko > 畫得好的人實在非常多。

< akibyon > 我透過banakore和很多人通電子郵件，發現居然有不在意像素而能用Photoshop畫電腦繪畫的人，真是讓我大吃一驚。

< eyeball > 唔。

< hitode > 不在意像素？真是令人難以置信。

< reeko > 我都是使用Photoshop畫畫，那種情況我能瞭解，但實在是太厲害了。

< hitode > 你們能夠體會用放大鏡修正「點」的辛勞和喜悅嗎？

< akibyon > 那真是一種快樂…(笑)。

< hitode > 我頭上會有點發麻的感覺…。

< miwaza > 那是即將達到喜悅的感覺。

< reeko > 繪畫材料也會有感覺吧！因為顯色非常漂亮的關係。

< ASOMI > 那種感覺是「連拿著滑鼠的手都動彈不得」。

< akibyon > 要是習慣了RGB的顯色效果，就會覺得其他繪畫材料的彩度不夠。

< ASOMI > 如果繪畫時注意到CMYK，就能清晰地表現出RGB的效果。我們眼前的世界，事實上也是那麼鮮艷。

< reeko > 我可能對繪畫材料比較有感覺(比起彩度來講，可以輕易地表現出光線的效果。)

< hitode > 各位會不會在紙上畫圖？

< Asazuma > 我原本都是在紙上畫畫。

< ASOMI > 我原本也是。

< miwaza > 我國中以前，都是在紙上畫畫。

< reeko > 我原本也是在紙上畫畫。

< hitode > 我無條件地尊敬能在紙上畫圖畫得很好的人。我就沒辦法在紙上畫畫……。正因為這樣，我才會畫CG。

< eyeball > 最近是不是有很多人從個人電腦CG上，開始學畫畫的？我就是其中一個。關於色彩方面，從開始製作CG起，就可以進行量產。現在也是紙張氾濫的時代。

< ASOMI > 或許我現在已經無法在紙上作畫了。(糟糕！我噴槍已經放半年沒洗了。)

< eyeball > 可是，以今天的CG環境來講，可以有效地應用在紙上作畫的技巧。

< ASOMI > 是啊！我覺得性質相近。

< hitode > 可是，紙這種東西有物理上的限制。橡皮擦擦了幾次之後，紙就會破掉。

< ASOMI > 我最初在使用Painter時，心中還有個疑問：「能夠畫到這種程度嗎？」。美國人的做法就是和我們不一樣。

< Asazuma > Painter的性能具有高更的畫風。但，為什麼我的朋友說具有修拉的風格？

< hitode > Painter的確最適合用來畫畫，但我有點無法適應Painter的操作方法。

< akibyon > 這次也沒有人以Painter為主來作畫。

< Asazuma > 不過，只要習慣之後，用起來就很輕鬆。

< hitode > 我無法忍受那個巨大而礙手礙腳的色彩工作板。

< Asazuma > 我有同感，在15 INCH顯示器上，很難進行作

11. 以後繼續聊

< akibyon > 雖然大家聊得很愉快，有太多講不完的話題，但已經快要天亮了，我想就在這裡告一個段落，感謝各位今天花了那麼長的時間來參加此次的座談會。大家談的話題也都非常有深度，聊得也很愉快，出書時咱們再繼續聊吧！

< hitode > 辛苦了。

< ASOMI > 謝謝。

< Asazuma > 各位，辛苦了。

< miwaza > 辛苦啦。

< masa > 大家辛苦啦。

< reeko > 謝謝，各位辛苦啦。

< eyeball > 各位晚安。

< akibyon > 辛苦，辛苦。

*** eyeball has left IRC (Leaving)
*** Asazuma has left IRC (CHOCOA)
*** hitode has left IRC (CHOCOA)
*** miwaza has left IRC (CHOCOA)
*** reeko has left channel #banakore (reeko)
*** ASOMI has left channel #banakore (ASOMI)
*** masa_has left IRC (EOF From client)

< akibyon > 各位真的非常感激你們參加這次的座談會。

*** akibyon has left IRC (Leaving)